经典男装体系的百搭单品是生活方式演进的结果，也是无数时尚灵感的重要来源。西装是其中最重要的基础品类。但我们能获取的相关资讯，往往是落后于快速演进的现代生活的滞后信息。《穿西装》旨在为日常西装穿着提供新鲜血液。无论你是西装新手还是寻求风格突破的老手，这本书都能助你一臂之力。

高鼎

《GQ》杂志编辑、资深媒体人

作者是我的经典男装引路人，也是近十年来无数男装从业者和相关人士很难跳过的一位男装文化传播者。款式、形制、搭配、衬衫、领带、鞋履各种配件……想要一本书入门雅致得体的经典着装，看《穿西装》就够了。

平圆方中

Bilibili 知名时尚 UP 主

# 李当岐／高鼎／平圆方中

# 穿西装

## 选择、搭配与保养

# MASTERING THE SUIT

孙晓捷 著

清华大学出版社

北京

**图书在版编目（CIP）数据**

穿西装：选择、搭配与保养 / 孙晓捷著. -- 北京：
清华大学出版社, 2024.9（2024.11 重印）. -- ISBN 978-7-302-67256-2

Ⅰ. TS941.712

中国国家版本馆CIP数据核字第20243RM643号

责任编辑：顾　强
装帧设计：李　梦
责任校对：王荣静
责任印制：丛怀宇

出版发行：清华大学出版社
　　　　　网　　　址：https://www.tup.com.cn，https://www.wqxuetang.com
　　　　　地　　　址：北京清华大学学研大厦 A 座　　　邮　　编：100084
　　　　　社 总 机：010-83470000　　　　　　　　　邮　　购：010-62786544
　　　　　投稿与读者服务：010-62776969, c-service@tup.tsinghua.edu.cn
　　　　　质 量 反 馈：010-62772015, zhiliang@tup.tsinghua.edu.cn
印 装 者：三河市龙大印装有限公司
经　　销：全国新华书店
开　　本：210mm×285mm　　印　张：15.25　　　　字　数：219千字
版　　次：2024 年 10 月第 1 版　　　　　　　　印　次：2024 年 11 月第 2 次印刷
定　　价：138.00 元

产品编号：102233-02

# 前言

自 2010 年以来，中国社会经历了一场消费升级的浪潮，这股变革的涟漪一直影响着人们的生活方式。

在新一代的推动下，这一时期关注具体消费品的网络社群井喷式地成长，年轻人不再对名牌产品盲目崇拜，开始追求属于自己的、更加多元化和有品质的生活方式。消费品的制作过程、材质选择和文化内涵都被重新审视，深刻地重塑着顾客对消费品的理解和价值观。

作为男装领域的一个重要品类，西装承载着这场变革的印记。

差不多同时期，我出于兴趣开始自己对经典着装的研究，逐步积累了相当一部分知识和体验，逐渐成为男士经典着装领域的传播者之一。通过在社交媒体平台发布相关内容，得到了那些热爱经典着装的朋友们的热情关注，阅读量年年攀升，累计已达数千万。

然而，我们在寻求关于男士经典着装方面的知识时，常常只能依赖于来自欧美、日韩的相关读物。这些书多数在十几年或几十年前问世，它们所涵盖的内容在很多方面已经与如今的使用场景和社会认知有所脱节。更常见的是，这些读物忽视了中国当地的文化背景、气候环境以及特殊的使用习惯。单纯的外来视角反而在某种程度上为我们的生活带来了困扰。

这次非常幸运能够将多年来的研究和实践以书的形式呈现给大家。我希望这本书能够为那些日常生活中需要了解西装、穿着西装的人们，以及初次接触经典着装的朋友们，提供一些入门知识和实用建议，甚至进一步帮助读者找到适合自己的穿搭风格和生活方式。

我真诚期待这本书能够解答读者在日常穿着、搭配、保养西装及其配件等方面遇到的实际问题，为生活增添一份从容。

CONTENTS

# 目录

# 01
# ABOUT SUIT
# 西装基本知识

西装经历百年现代生活考验，现行款式在 1920–1930 年代就已非常成熟。随着生活日常化，礼仪需求日益减少，原先复杂的着装准则也简化为基本元素组成的几个经典款式，用以体现对场合的尊重、职业身份的要求，或保留我们日常生活的一份仪式感。

依然有很多人以西装作为自己衣橱的基础，这是个人生活方式的选择，而本书主要针对现代社会较为常见的西装需求与场景，以商务与仪式场合等为中心来探讨相关问题。本书会尽量简明扼要，对一些细节问题或涉及特殊场合的罕见款式将一笔带过。

# BASIC ELEMENTS AND STYLES
## 基本元素与款式

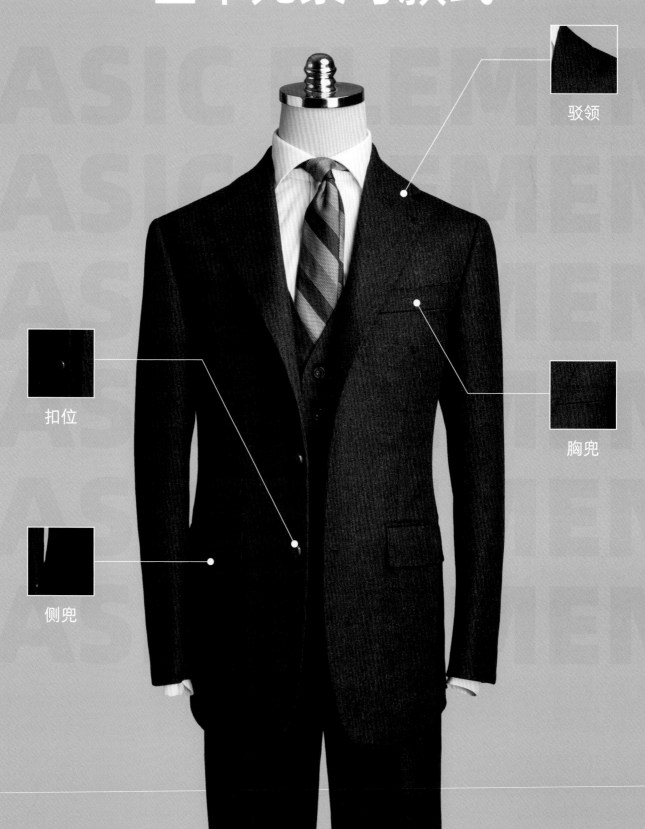

驳领

胸兜

扣位

侧兜

一件西装，主要由上衣的驳领、扣位、内外口袋、肩袖、袖口纽扣、后衩、里布，西裤的腰头、门襟、口袋、裤褶、裤口等元素组成，了解这些可以帮助你更轻松地选择适合自己的西装。

肩袖

袖口纽扣

后衩

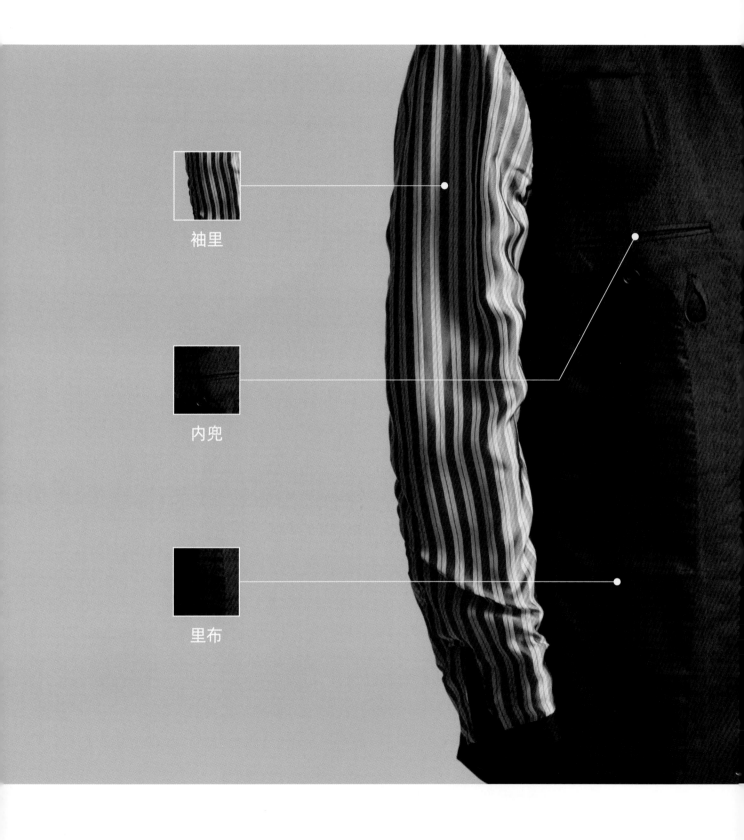

袖里

内兜

里布

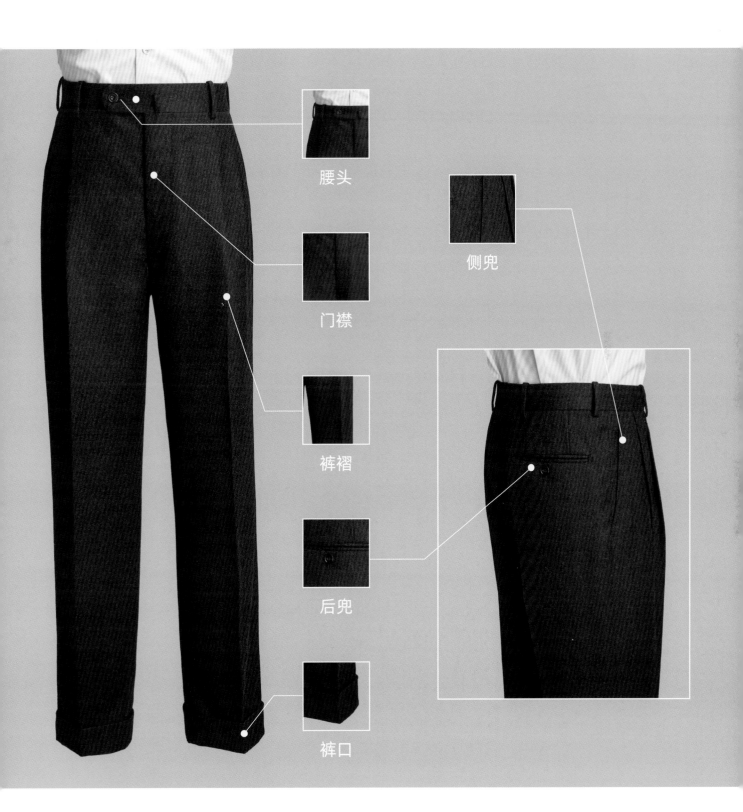

腰头

门襟

裤褶

后兜

裤口

侧兜

串口线

后领

驳头

# 驳领

驳领由两部分组成：驳头和后领。后领紧贴后颈，而驳头服贴在前胸修饰造型。

两者之间的连接线称为领穿线或串口线，用以调整驳领的上下比例。

西装常见的驳领有两种款式：平驳领和戗驳领，根据使用者的需要与单排扣或双排
扣组合，构成西装最基本的形态。

## 平驳领

低调实用。单排扣和平驳领是永远不出错的组合，以此为基础几乎可以应对所有日常需求。不会太冒犯也不会喧宾夺主。

平驳领和双排扣西装的组合极为罕见，双排扣容易体现气势，而平驳领的务实则弱化了这种印象，偶尔在 20 世纪 80-90 年代的电视剧或成衣品牌中能够见到类似款式，以现在的视角来看，效果都不太理想。

▲

## 暴风领

并非基础领型，而是一种基于平驳领的功能设计，时常表现为从后领延伸出的一段带袢。当天气寒冷时，可以把领子完全竖起，对侧后领有纽扣可以和带袢相扣，保护脖子抵御大风侵袭。

经常出现在冬季户外穿着的西装或功能外套上。

## 戗驳领

也称剑领。戗驳领更有气势，与双排扣是固定搭配，在单排扣礼服上也很常见。

戗驳领和（除礼服之外的）单排扣西装组合多见于欧美金融题材电影中的王牌销售一类角色，主要是为了塑造企图心和攻击性较强的形象，并不适合大多数行业的日常通勤。

## 青果领

青果领独树一帜，在历史上被同时用于使用场景截然相反的礼服和家居服两大品类。往往展示出一种游刃有余的气质，所以非常适合聚会的组织者或主人。

后文会在礼服环节做具体介绍。

一些国外成衣品牌有时也将之运用在西装款休闲上衣中，但总体来说，不适合日常穿着。

单双排款式
与相应扣位

## 单排扣

单排扣是时代宠儿，在最近 20 年双排扣西装式微的情况下，单排扣是供应链体系中生产最密集的西装款式之一，有能力满足各种需求的消费者。

如今单排扣最常见的款式是单排三扣、三扣二、两扣。

由西装两侧驳领自然环绕的三角区习惯称为"V 区"，是展示搭配、调整比例的重要区域。

单排三扣似乎给人 V 区过小、驳领短笨的拘谨印象，一般会被认为较为老派保守，其实任何特定款式的西装流行起来的时代，都是年轻人甚至社会全体的共同选择，在逻辑上并无老派、老气之说，只是不同年代的时尚流转。

单排两扣是目前最常见的单排款式，只要选择正确的面料、颜色和比例，几乎可以覆盖都市生活绝大部分正式场合。

单排扣西装在许多休闲场景里也有发挥的余地，后文中会再提及。

单排三扣

单排两扣

### 三扣二

　　三扣二，第一颗纽扣的扣眼一般在驳领翻折处或位于驳头下部显眼位置，纯粹装饰。

　　这样配置的主要说法有两种。

　　英国来源说：20世纪初考虑到英国国王爱德华七世身材丰满，三扣西装最上和最下的两扣都不扣比较轻松，众人为了表示对国王的尊重，纷纷效仿，逐步发展成这种习惯。

　　美国来源说：20世纪上半叶的经济危机和两次世界大战，使得大多数人生活拮据，无法跟随时尚更新自己的服饰，于是常有人把驳领重新熨烫，让三扣看起来像两扣，便造就了这种扣位。

　　三扣二实际扣位与两扣一致，一定要予以区分的话，三扣二更适合表现休闲或搭配美式元素。

　　除此之外，还有单排一扣，礼服部分会详细解说。

## 双排扣

双排扣戗驳领西装较有气势，在印象上更有庄重的感觉。

其实，最初双排扣的流行，很重要的一个原因是能够省去马甲，给日常穿着带来方便。

而比起 20 世纪 90 年代人人双排扣的时代盛景，现在双排扣西装似乎有些不够日常而被边缘化的趋势。现下穿着双排扣总是会引人侧目，不建议作为商务日常的选择。

现在常见的双排扣一般正面有六颗扣子。而传统上扣位组合样式颇多，从接近制服的八扣到常见的六扣以及更休闲的四扣甚至两扣；其中六扣二、六扣一、四扣一是目前主要的款式。

六扣二可以算最常见和易于入手的双排款式，一定要和另外两种扣位做区别的话，六扣一、四扣一的 V 区较大，视线相对会被引导向上半身，大多数情况下会显得穿着者更强壮一些。

六扣二 | 六扣一
————————
四扣一

视情况扣

一直扣

从不扣

## 西装扣子
## 应该怎么扣？

至于流传甚广的西装应该扣哪个扣子的"规则"，基本是
参照一些 21 世纪初出版的男装指南中的内容。那些书初
衷是帮助入门受众快速应付日常需求，与其说是"规则"，
不如说是"不出错的最基本建议"。

其实，只要不把扣子扣错位，假如觉得冷或者有必要，
将所有扣子都扣上是没有问题的，着装终究是为日常生
活服务，解决实际需求的。

同样，所谓马甲的最后一颗扣子不要扣，一说也是因为英国国王爱德华七世体型较大，扣紧不太舒服，其他人为表尊重而延伸出的"礼仪"。

且不论这种说法是否足够有历史依据。

事实上，尊重这一传统说法的品牌，往往马甲的最后一颗扣子本就设计成无法扣起，以纯粹装饰的形式向这一传统致敬，无须穿着者自己去考虑这一细节。

所以是否要扣，依然应该根据穿着场景和个人需求来决定。

# 后衩

## 下摆开衩方式

不只是西装，日常服饰后身开衩，最开始都是为了在骑马等过去常见的活动中更加便利的一个功能性元素。西装后衩也在应对不同场景和功能的需求中，形成了几种主要形式。

### 单衩

在体现运动休闲属性或强调实用主义的西装上更常见。也是经典的美式校园风西装搭配中常见的选择。

单衩最初经常和后背上提供额外活动量的各种形式的"褶"相组合，而在现代，由于面料本身已经能提供足够的弹性和舒适度，这种"褶"的设计变成一种时代气息与风格的表达。

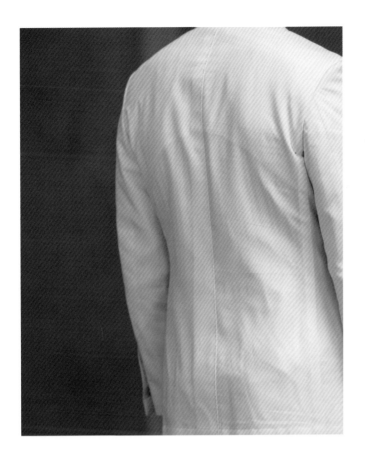

## 无衩

20 世纪 20–30 年代的英国、50 年代的欧洲大陆都非常流行无衩套装，经典塔士多（Tuxedo）礼服一般也都是无衩的，虽然插兜的时候不够好看，但能提供一个较为收紧或整体感较好的下摆，容易塑造连续流畅的立体轮廓。

## 双衩

行动坐卧、插兜等日常行为都比较自然优雅的开衩方式，一般也会被认为更具英式风情。目前绝对主流的选择。

### 直兜

平直锐利的胸兜，适合与商务套装和礼服搭配，最主流的西服胸兜款式之一。

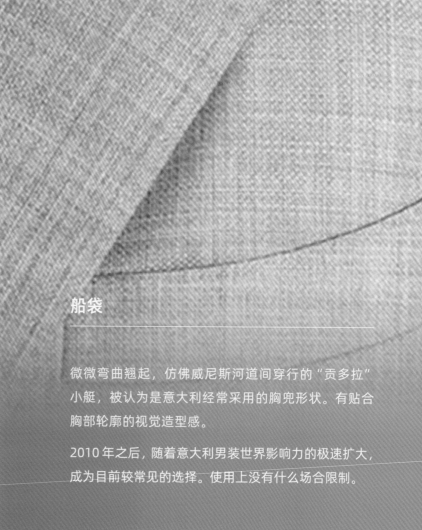

# 口袋款式：
# 胸兜

### 船袋

微微弯曲翘起，仿佛威尼斯河道间穿行的"贡多拉"小艇，被认为是意大利经常采用的胸兜形状。有贴合胸部轮廓的视觉造型感。

2010 年之后，随着意大利男装世界影响力的极速扩大，成为目前较常见的选择。使用上没有什么场合限制。

### 贴兜

用于休闲服饰的胸兜造型，一般与侧兜贴兜同时出现。

如需参加室内的中高规格礼仪活动或其他正式场合，不推荐选择贴兜西装。

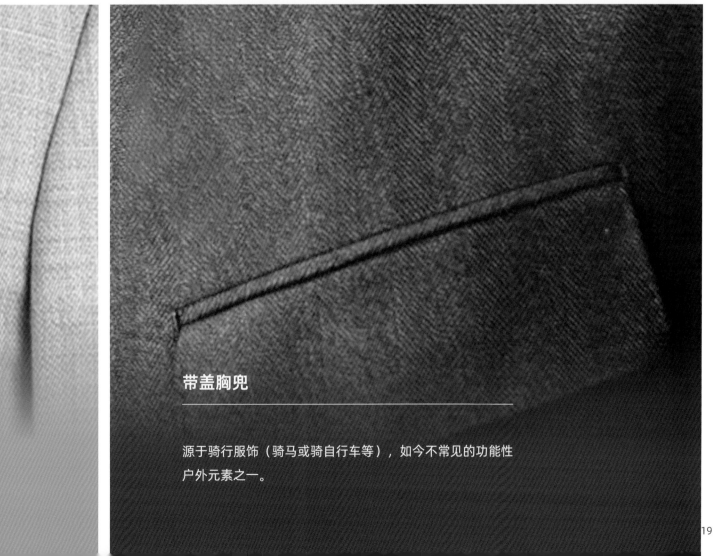

### 带盖胸兜

源于骑行服饰（骑马或骑自行车等），如今不常见的功能性户外元素之一。

# 口袋款式：
# 侧兜

最为常见的带兜盖的侧兜，最初是为了防
止活动时物品从口袋中掉落的实用设计，
目前广泛使用在各种款式的西装上。

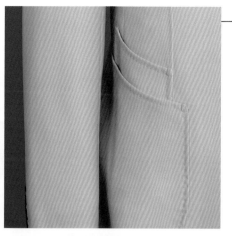

贴兜较为休闲，可以方便地塞入更多东西。多用于城市休闲或户外场景。

手机兜：贴兜内再缝制一个较小贴兜的做法，21世纪之后才流行起来，用以放置证件等。

平直或者弧形、斜向的无袋盖侧兜，一般上下有两条面料装饰加固袋口，也叫作双牙口袋。

适合表现优雅风情或用于室内的正式场合。

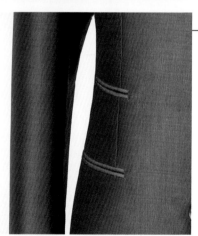

有袋盖或者无袋盖位于侧兜上方的小口袋，称为票兜。被认为是比较英伦风的元素。

最初用于放置各种随时需要的票据，如戏票、车票、洗衣收据等。

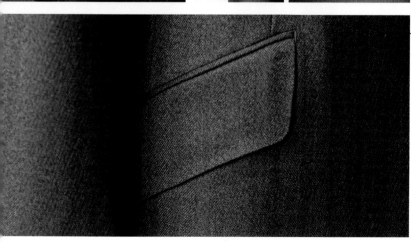

斜兜，明显斜向的侧兜。一般都有袋盖，是骑行服饰的元素之一。

俯身骑行的时候，下斜的口袋便会自然和地面平行，防止物品在颠簸中掉落。

除了用在户外场景的服饰上，也会被用在套装上以强调服饰的英式风格。

钱包袋

打火机等小杂物袋

# 内兜配置

曾经，西装需要承担大量置物的功能，现在由于生活数字化和面料轻量化，西装口袋不用再承担如此功能了，内兜的数量也变得越来越少。

仅考虑放置手机和卡包是目前内部承重设计的主要考量。

香烟袋

笔袋

名片袋

# 肩袖

肩头袖子的最高处称为袖山，袖子连接西装主体的整个一圈称为袖圈。

通过不同的上袖方式调整袖山和袖圈的形状，西装就可以获得各种不同的印象。

英式绳肩，顾名思义，仿佛有一条绳子环绕袖圈把袖山撑了起来，呈微微隆起的饱满姿态。

这样的肩头能够凸显力量，为服饰带来更多气势，配合盔甲一般硬挺利落的剪裁，是带有英式风格的商务套装首选。

自然肩，袖山几乎与肩线平齐，自然过渡连成一体。

不特别强调某种风格，穿起来日常舒适，是很多品牌套装的主要选择。适合大部分场合。

袖山从高到低，从适合礼服和要求气场的商务正装逐渐
转向日常和休闲，赋予服饰截然不同的气质。

瀑布袖，一个并不精确的概念，不同地区的诠释也略有
差别。21 世纪，意大利西装重新吸引顾客视线的重要营
销要素之一，一度被认为是意大利南部舒适、轻薄西装
的代表工艺。

视觉效果上与衬衫袖子有几分类似，整个袖圈刻意留出
一些余量，不进行整烫和进一步处理，显示出一种自然
随意的"泡泡袖"状态。适合特定地区风格，或凸显休闲
感的服饰。

# 里布结构

西装分为外部的"面料"和内部光滑的"里布"。里布一般为铜氨丝材质，与衬衫或内搭直接接触，起顺滑透气及保护结构的作用。

## 全里

最为常见，一年四季的服饰都可以选择，一般默认里布与面料顺色。

在有设计主题的单上衣中，也会有各类华丽的里布装饰，多见于设计师品牌或定制类服饰中。

## 半里

适合夏季或者某些面料比较细腻的冬季夹克，后背里布大大减少，更透气、舒适，有工艺感。

总体不建议冬季服饰选择，尤其穿毛衣的时候，与外衣的激烈摩擦会导致许多面料迅速起球磨损。

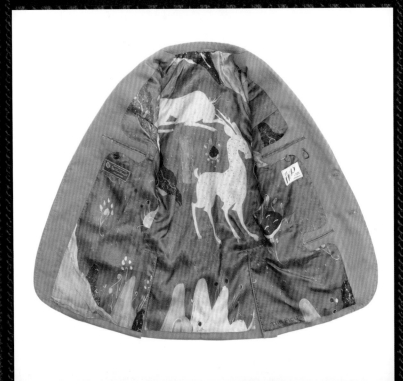

## 无里

即没有里布，西装上衣直接以面料制成。

这张图展示的是一件以牛仔面料制成的西装上衣，借助牛仔纺织内外面不同的特性，我们可以清楚看到，当西装上衣被翻过来的时候，其内部结构是完全没有里布的。

这种结构适合棉麻、毛麻及其混纺等重量轻的夏季面料，轻薄便利。

不过，无里服饰的耐久度自然相形见绌，一般也制作得较为宽松，总体不适应高频穿着。

# 袖口纽扣

袖口纽扣是有礼仪含义的。一般三扣为正式场合最低配置，五扣为最高配置——目前基本不在日常生活里出现。两扣或一扣适合休闲／运动，比如都市散步或者户外骑行等，一扣也常和结构轻薄的夏季服饰搭配。

三扣几乎适用于任意场合，可以放心选用。

# 腰头

西裤作为绅士装束的重要组成部分，其腰头演变经历了丰富多彩的历史，承载着不同时代的潮流与功能。

男士们一开始偏爱高腰设计，这既强调了身材的挺拔，也与当时的剪裁相呼应。然而，随着工业革命的来临，裤腰逐渐下降，腰头的设计也随之变化。

20世纪，腰线位置的时尚争夺此起彼伏，但总体上西裤逐渐偏向自然腰线，如美式学院风的典型款式，强调舒适和自然的着装感。

腰头也随之衍生出两种常见款式，用侧面带袢调整裤腰松紧的经典款式更偏向于正式和典雅，而使用皮带的腰头则表现出现代生活的随性实用。同时，腰头设计也会影响整体穿着感受，高腰设计可以拉长腿部线条，而中低腰设计则更注重舒适度或时代潮流。

不少西裤的腰头内侧还设置了背带纽扣，方便不同需求的人士选择。

### 使用皮带的西裤腰头

事实上，直到 19 世纪中叶，现代意义上的"皮带"和与之配合的腰带扣才被用以固定长裤，最开始的时候往往是为了方便军人或工人等，用于勾挂、收纳工具。

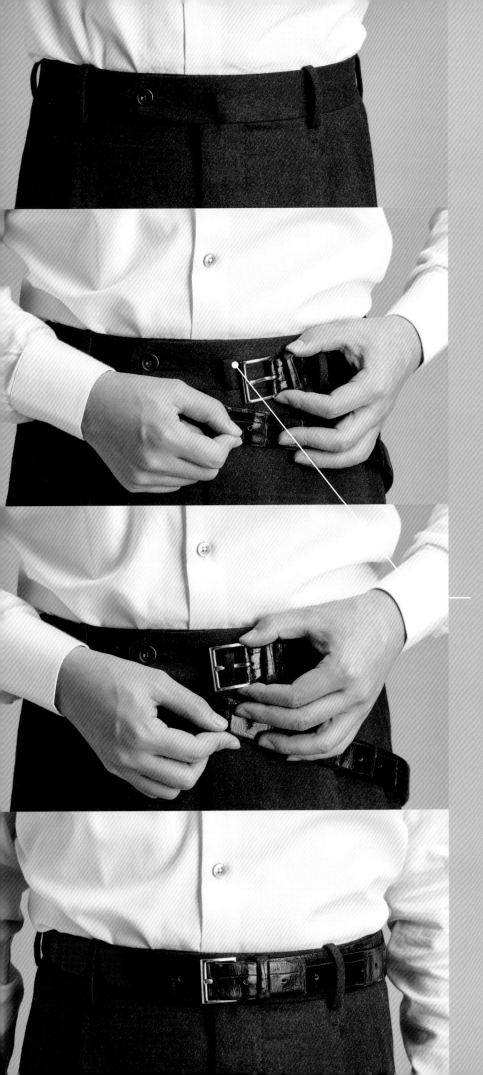

为了维持裤腰稳定，在日常活动中不松垮下坠，有时会在裤腰上设计一个小带袢。用针扣皮带固定之后，能更好地维持裤腰水平，以免下垂之后给人腹部凸出的视觉错觉。

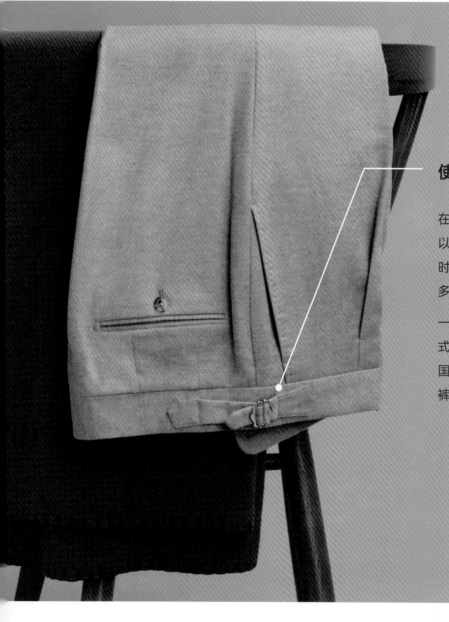

### 使用带袢的经典西裤腰头

在皮带普及之前，西裤长时间以来都是以腰两侧的带袢（同时配合背带）来随时调整以适合腰围变化，现在依然有很多品牌出品这类款式的西裤。

一般认为不用皮带固定是更加优雅、正式的，但由于长久以来的使用习惯，在国内很多地区和单位穿着这类腰头的西裤反而可能会有不太得体的观感。

# 门襟

除了最常见的拉链门襟之外，纽扣门襟也一直是西裤的传统选择。

由于早期西裤几乎都是高腰的，如果采用拉链，当人坐下后，整条拉链便会受力鼓起，不太雅观。早期更是由于拉链不够灵活，经常造成不便，拉链门襟花了很长时间才真正推广开来。

因此，高品质的高腰西裤一直习惯使用纽扣门襟，使前裆在坐卧时更加自然。

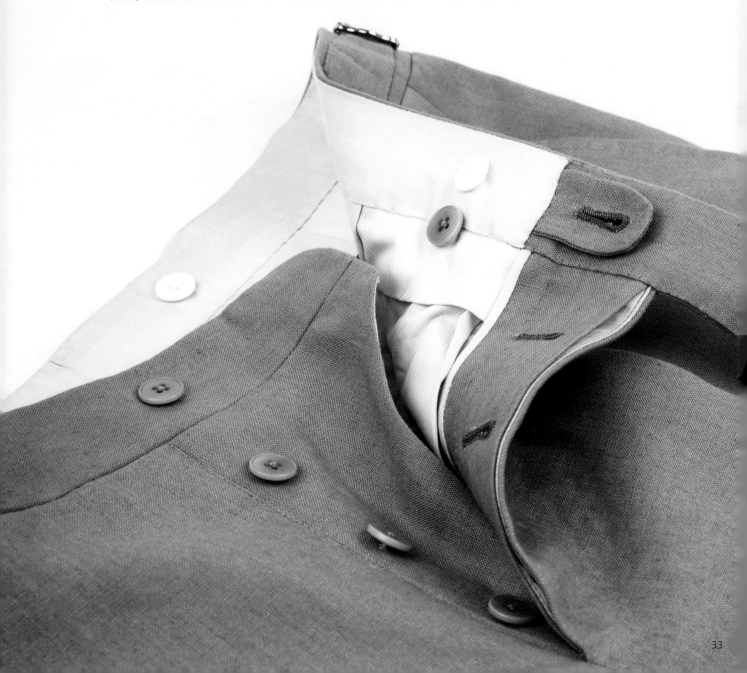

# 西裤口袋

## 侧兜

侧兜的基本形式有两种：直兜和斜兜。

直兜与侧缝连成一体，适合搭配有精致感的装束，商务套装或礼服都适用；斜兜更休闲，和卡其裤也是经典组合。斜兜基本上没有什么太大的使用限制，也是最实用的侧兜款式。

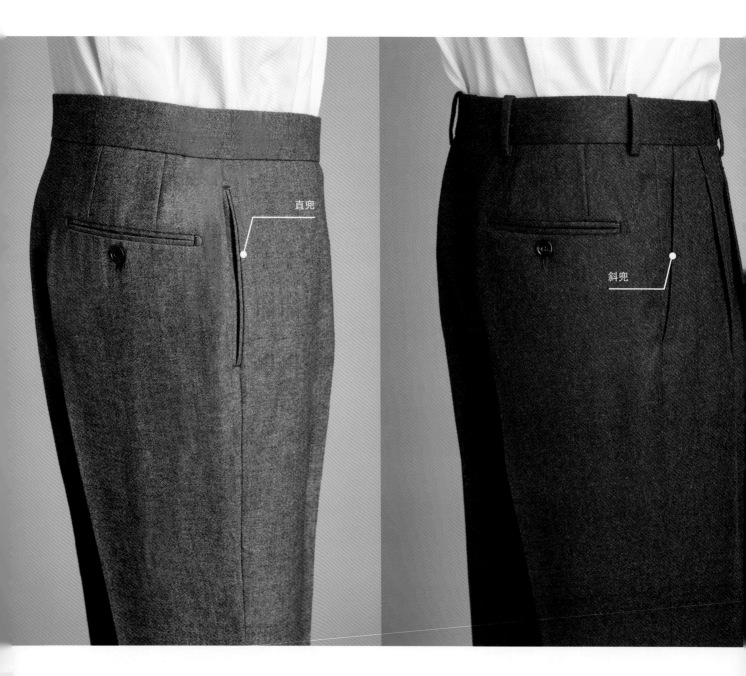

直兜

斜兜

# 后侧口袋

礼服长裤后侧经常是没有口袋的。

除此之外，日常穿着的长裤，后侧右边一个兜是传统，两边都有是实用，加袋盖可以用于休闲运动类长裤或者棉裤等，可以根据个人需要选择。

应该注意的是，传统西裤后兜是没有贴袋这一选项的。

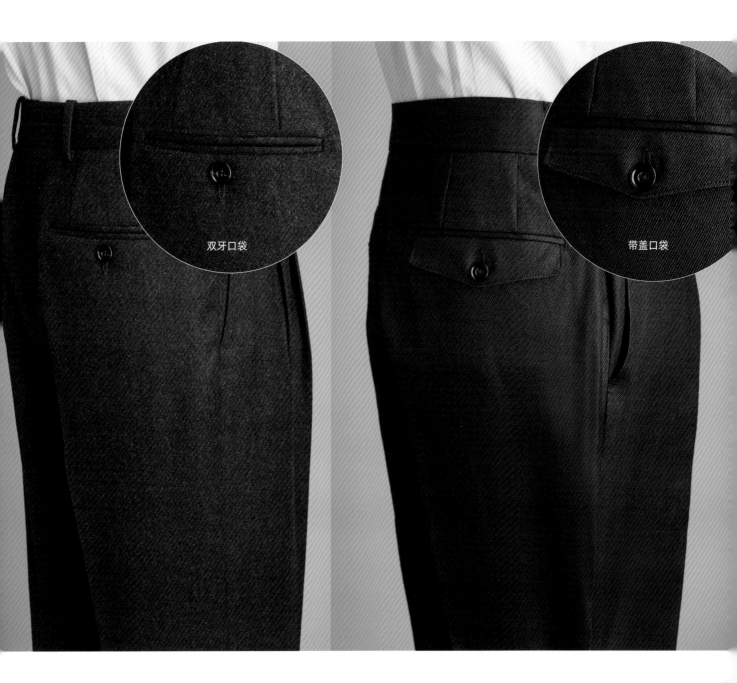

双牙口袋

带盖口袋

# 表袋

一般位于西裤腰头正面右侧，来源于传统上放置怀表的"表袋"（watch pocket）。很多定制品牌或主打经典男装的品牌，出品的西裤也会在腰头上默认设置这个细节。遗憾的是，表袋如今基本上不发挥什么功能了，在成衣西裤上也极少见到。

常见的牛仔裤或者棉制五袋裤上，保留的这个小的"袋中袋"，同样来源于表袋。

# 裤褶

裤褶，初衷是为了给日常生活提供更多的活动量，有单褶，也有双褶，没有特别的讲究。沿着裤褶在正面烫出的锐利裤线，是塑造西裤线条的重要组成部分。

一般认为，比较常见的向外打开的褶是欧洲大陆的习惯，而向内打开的褶则是英国本土传统，从功能上来说没有太大区别。

千禧年前后一直流行无褶长裤，2020 年左右，随着时尚的轮回，有褶长裤在各大品牌都变得常见，成为一种同时具备功能性与工艺感的款式。

褶向外

褶向内

# 裤口

基本就是有无翻边的区别。

将西裤裤脚边翻起、固定的做法称为翻边。翻边可以起到减缓磨损、保护裤口的作用，并为调整裤长留出更多余地，也能让轻薄的面料得到更多垂感，改善裤子线条。

翻边可以是固定的，有的设计也可以通过扣子等方式打开，方便清理尘土。

传统上认为翻边倾向于户外和休闲，现在则没有太多限制，可以根据需求和喜好自由选择。

# SIZE AND FIT
# 尺码与合身标准

有一种意见认为，日常穿着西装容易给人留下特定行业或岗位的印象，没有选好合身的尺寸是造成这类误解的重要原因之一。

西装源于军服，修饰体型，尽量体现一个人最好的精神、气度的初衷深深刻在西装的设计基因中。选择正确的款式和尺寸常能让人收获发现另一个自己的惊喜感受，也能切实地改变他人对你的印象。

FABRIC SHOP CO.

SCENT OF THE LIFE AND ADVENTURE

PRESS HERE

# 选择正确的尺码

由于各个国家和地区的工业发展和人口身材区别等因素，不同的西装尺码体系会给刚入门的朋友带来很大困扰。

我们以身高 175cm，净胸围 92cm 左右，中等身材为例，在高品质的西装成衣中可能会见到两种主流的尺码标识：48/R 或 175/92A。

48/R 这种标识方法常见于意大利、法国为主的欧洲品牌，上衣的尺码通常基于胸围，而裤子的尺码基于腰围。经常用字母表示不同的基本版型，如 R（标准）、C（宽松）和 L（长款）等。

字母前后有时会有数字，例如：48/8R。其中 8 表示胸腰差，常见的有 6、7、8，数字并非表示实际的厘米差值，而是遵循数字越大，胸腰差越大（实际视觉上收腰的效果越明显）的基本规则。

同时，很多品牌也会以 Drop（落差）来代表胸腰差，因此某些标注 48/D8 的西装，表示同样是 48 码，胸腰差 8 的意思。

175/92A，亚洲国家和地区多采用这种方式来标识尺寸，称为"号型制"，包括"号""型""体型"三部分。

"号"表示人体的身高（用厘米表示）；"型"表示人体的净胸围（上衣）或净腰围（下装）；"体型"则以字母分别，代表净胸围与净腰围的差值。

国内常见体型分类代号有 Y、A、B、C 四种，Y 为偏瘦型，A 为普通正常体型，B 为腹部略突出型（胸腰差较小），C 为胖体型。

日本 JIS 尺码类似，只是体型分为 YA（略瘦）、A（标准）、AB（微胖）、BE（宽松），与 Y、A、B、C 大体对应。

当我们需要选择一套合体西装，又没有详细尺寸的时候，就可以按照自己的身高、胸围、腰围数据对应相关尺码表做初步筛选。

| 欧洲尺码（意、法等） | 44 | 46 | 48 | 50 | 52 | 54 | 56 |
|---|---|---|---|---|---|---|---|
| 英 / 美 / 澳 * | 34 | 36 | 38 | 40 | 42 | 44 | 46 |
| 号型制普通体型（A） | 165/84 | 170/88 | 175/92 | 180/96 | 185/100 | 190/104 | 195/108 |
| 号型制微胖体型（B/AB） | 165/88 | 170/92 | 175/96 | 180/100 | 185/104 | 190/108 | 195/112 |

* 英 / 美 / 澳，以及某些快消品牌较为常见用此类标法，直接以欧码−10 标识。

西裤的尺码选择基本同理，国内还流行以市尺 * 为单位，即几尺几寸的习惯标识方法，也一并列出供大家参考。

| 欧洲尺码 | 28 | 29 | 30 | 31 | 32 | 33 | 34 | 35 | 36 | 38 | 40 |
|---|---|---|---|---|---|---|---|---|---|---|---|
| 号型制尺码 | 160/70A | 165/74A | 165/80A | 170/80A | 170/82A | 175/86A | 175/90B | 180/94B | 180/98B | 185/104C | 185/108C |
| 市尺 | 2.1 | 2.2 | 2.3 | 2.4 | 2.5 | 2.6 | 2.7 | 2.8 | 2.95 | 3.1 | 3.25 |
| 常见对应腰围（单位：cm） | 70 | 73 | 76 | 80 | 83 | 86 | 90 | 93 | 98 | 103 | 108 |

* 欧码和市尺，有的品牌或标准体系采取跳码对应时常会造成混乱。

比如，通常情况下，欧码 34 对应市尺的两尺七，欧码 35 对应市尺的两尺八。有些品牌可能会采取跳码的方式，即欧码 34 仍对应两尺七，但欧码 35 被跳过，变成欧码 36 对应两尺八。在选购时需要特别注意。

实际上，不同地区、品牌、款式之间的尺码差异颇大。在选购西装时，最好参考具体品牌的尺码指南或咨询销售人员，以确保自己选对合适的尺码。

## 合身的标准

合身，重要的不是松紧，是平衡。

我们经常遇到的问题是，明明是不错的西装，却说不清哪里不顺眼。请相信你积累的感性认识所赋予的直觉，这种情况往往是平衡的问题。

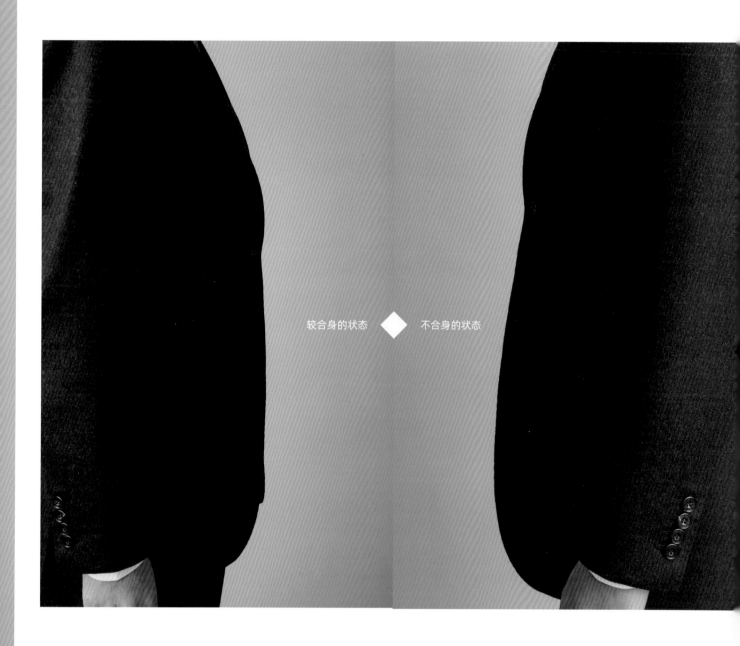

较合身的状态 ◆ 不合身的状态

　　平衡，就是一套西装所有地方恰到好处，在不施加外力的情况下（甚至是不扣纽扣的情况下），衣服自然地"挂"在身上，所有的部位都在它应该在的地方。此时，后颈和肩膀是感受不到太多压力的。

　　但我们看到的往往是，侧面扣位以下向前抛起，还经常伴有衣服前襟明显向左右两侧撇开的情况，仿佛穿着者有一个大肚子似的，这是应该避免的现象。

　　其原因往往是服装的版型和穿着者的身材特征不契合，可以再多尝试其他版型或求助裁缝适度修改来缓解。

左右两片自然闭合、
基本平行的状态

前后片大体垂直于地面

平衡正确的西装，挂在人台上的时候，就
应该呈现左右两片自然闭合、基本平行的状态。
穿在身上，应该做到正面不左右撇开，前后片
大体垂直于地面。

穿着细节上，应尽量接近如下要求：

放松站立状态下，西装贴合衬衫后领，与衬衫后领之间不起空，贴合无压迫；衬衫后领应高出西装后领 1 ～ 1.5cm。

▲

不合身的状态，在大部分日常自然动作的前提下，后领始终不能很好地紧贴后颈，造成一种邋遢、不合身的印象。

根据版型和风格不同，肩线形状可能有微微拱起、平直、微微下凹几种状态，但都应线条流畅，没有崎岖阻滞感。

前襟正常扣起时，扣位无明显拉扯。如有些微拉扯，程度应控制在尽量不影响左右两侧腰线弧度流畅为限。

传统上认为袖山应前圆后蹬，即前侧圆顺，后侧饱满有力。

不过由于品牌风格的发展和结构的轻量化，现在偏尖或者后侧较扁的也很常见。但自袖山起整个一圈都应该线条流畅，无不自然的凹陷变形。

前胸驳领应贴合胸部，不起空，不爆胸。

如有明显的不贴合或者前襟变形拱起，
都应该重新考虑选择合适的尺寸或版型。

图中前胸驳领中间受力折起，属于较典
型的起空不贴合，应尽量避免。

◄

　　后背顺服贴合，符合人体自然弧度，肩胛骨、腋下可有微弱皱褶。

　　整个背部有适当垂直地面的竖向皱褶是正常的，如有明显横向皱褶，毫无疑问是衣服太紧了，应该考虑稍大的尺寸或进行适当修改。

　　西装下摆应垂顺不翘，长度起码盖过臀部 80% 以上。避免尺码太小，后衩被臀部顶起的邋遢状况。

　　▶

　　西装袖长一般以手掌与手臂连接处的骨节为标准，根据不同地区的习惯可以更长，但不宜更短。

　　手臂自然下垂或抬手曲肘时，习惯上衬衫露出西装袖口的范围应在 1 ~ 1.5cm。

　　衬衫露出长度的标准随时代变化较快，并无绝对的规则。符合当下审美即可。

　　一条得体的西裤首先应该是中高腰的，这样才能保证西装扣上的时候，裤腰被完整遮挡在西装内，整套西装有一体感，而不是在裤腰和西装扣位之间露出一段尴尬的衬衫。

　　自然站立时，西裤整体线条垂顺流畅，前后没有明显拉扯。假如侧面口袋豁开或者裤线不直，往往是相应位置过于窄小导致的。

　　裤口的大小并非仅以小腿粗细为标准，传统上更取决于鞋码大小，否则很容易收获小裤大鞋的"卓别林效果"。一般鞋码 40 ~ 42 的，推荐选择20 ~ 23cm（裤口半圈长度）宽的裤口。

　　关于西裤的长度，传统上得体的长度是站立时裤脚必须接触鞋面，略微压一点鞋面是可以的；长度的上限是裤脚后摆将将接触鞋跟上缘，再长就显得邋遢、拖沓了。

　　这四种长度在西裤中都是可以接受的，甚至是某些时代的"规则"。前两种长度，即裤口刚好接触鞋面或微微压鞋面是目前各种场合都接纳的主流。

　　需要注意的是，自行确认裤长的时候要面对镜子，低头确认容易产生裤子过长的错觉。

# COMMON FABRIC
# 常见面料

西装最主要的面料材质是羊毛，羊毛类型丰富，功能多样，在现代纺织技术
加成下能带来极佳的视觉效果与穿着体验。

# 羊毛支数

消费者能接触到羊毛面料最直接的信息是支数，这也是我们经常能在西装成衣口袋内的标签上或内部缝制的料标上了解到的信息，常见有 Super 110'S、Super 120'S 等字样。

羊毛支数，一般表示面料所使用的羊毛原料纤维的细度，较高的支数通常意味着更细的纱线，从而使面料更加细致、柔软。

对于西装面料，较高的支数通常与高质量的面料相对应，因为细纱线能够编织更紧密的基底，增加面料的光泽和质感。

支数数字越大，代表所采用的纤维越是细致，越能制作出光泽手感卓越的外部效果。但支数越高的面料，保养打理也需要加倍用心。

日常通勤 110 ~ 140 支就足够了。

# 适合四季的经典花色

实际应用中，越偏向素色的越适合需要表现专业度或日常需高频次穿着西装的行业或场景，越复杂、明显的纹样，则更合适创意设计类行业或休闲场景。

← 专业、通勤

## 素色

最常见的素色平纹或斜纹羊毛面料，几乎是所有需要西装的男士必备的花色。

## 条纹

较细的白色、天蓝色条纹配合深蓝、灰底色容易给人专业或斯文儒雅的印象，在传统上必须穿着西装的金融业、律师业中一直广受欢迎。

20 世纪 80–90 年代也曾流行在商务场合穿着 2.5cm 以上的宽条纹，如今看来已经略有些戏剧性了。

## 经典花色

暗格纹、鸟眼、鲨鱼皮纹、人字纹等几米外看是素色或略带质感的一系列传统花色，穿起来既能出席商务场合，搭配合适的单品也能在都市休闲中体现穿着者的个性。

是大多数人能够轻松选择和驾驭的日常花色。

## 亲王格

标准的威尔士亲王格（Prince of Wales Check），也被称为格伦尤里尔格纹（Glen Urquhart Check），是一种源自苏格兰的传统格纹图案。

19 世纪末的威尔士亲王，即后来的英国国王爱德华七世就经常穿着这种格纹的服饰，但主要用于户外。

20 世纪的男装偶像温莎公爵对此格纹青睐有加，使其风靡一时，自然地加入了日常正装的行列。

除了男士西装外，威尔士亲王格还被用于各种服装和配饰，包括女装、围巾、帽子等，逐渐成为英式风格服饰的重要元素之一。

目前威尔士亲王格通常由细小方格组成，经常使用深浅不同的灰色和黑色，有时还会穿插一条或多条其他颜色的线条，使其交织的图案形成一种复杂但协调的视觉效果。

# SUIT MAINTENANCE
# 西装保养

服饰保养永远是个热门话题，其中涉及三个维度：穿着、维护、存放。

羊毛纤维需要适当休息，意味着一套好的全天然材质西装，不宜太高频次地穿着，一般来说，穿一天休息两天是公认合适的频率。

假如沾染了灰尘可以用软毛刷清除，有味道可避开阳光直射通风1～2天。

局部沾到了小的油渍或污渍，可以用去渍笔单独处理。这类产品网上很多，效果都不差，试用的时候可以先在角落尝试效果，再针对污迹解决问题，一般情况下，1~2周内的污迹都是可以有效解决的。

也因此，一套保养得宜的西装，几乎是不需要清洗的。对面料最大的伤害来源于洗涤本身，无论干洗或湿洗都应该尽量避免，以日常维护来提升服饰寿命。

夏季则可选择棉麻、牛仔，甚至化纤混纺类等方便洗涤的面料来满足自己的日常需求。现在市场上也有可水洗羊毛西装可供选择，基本清洁已经没有什么门槛。

在保养中经常被忽略的环节是 —— 存放。存放与穿着维护不可分割，衣服够多，穿着频次不高，自然能延长服饰的寿命。而存放的状态，即怎么挂、怎么放，都可以有讲究。

首先，日常午餐或者旅行时需要将西装临时折叠，可以采取以下方式：

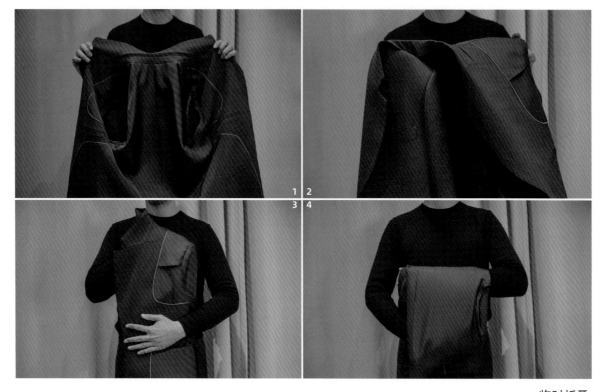

临时折叠

先将西装背向自己，如图，将一侧肩部翻到内侧，再将另一侧肩部塞进去放好，叠好后挂放在座位一边即可。这样即便有油污飞溅，也不会弄脏衣服表面。

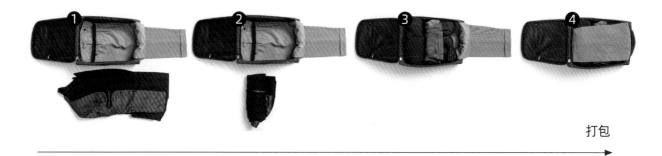

打包

如需打包进行李箱，将裤子垫在最下，继续将上面临时折叠的上衣对折，假如材质较抗皱的话，可以适当卷起放在一侧，其他杂物、柔软衣物等也可以依序摆放。

最后用裤子适当叠盖完成，这样在短途旅程中可最大限度保证西装和长裤的状态。

如果是抗皱材质，拿出来就可以穿着。如果是一般羊毛材质，悬挂一晚或经过几分钟轻度熨烫就可以"披挂上阵"。

那么平日居家，西装应该如何悬挂保存呢？

习惯穿西装的朋友都知道挂西装要用宽肩衣架，但是选用什么材质、什么形状？应该怎么叠，怎么挂？

好的西装衣、裤架，应该满足几点基本要求：

（1）好西装贴合人的肩型，所以整个衣架的线条应该是弧形的，符合人体冲肩的基本走向。

（2）裤架无论植绒防滑裤架，还是裤夹，都要保持悬挂稳定，长期放置不变形，不会产生明显折痕、破坏裤子线条。

（3）衣、裤架材质的拼合、黏接、着色都有要求，经过长期使用不变形，不会释放出有害物质。

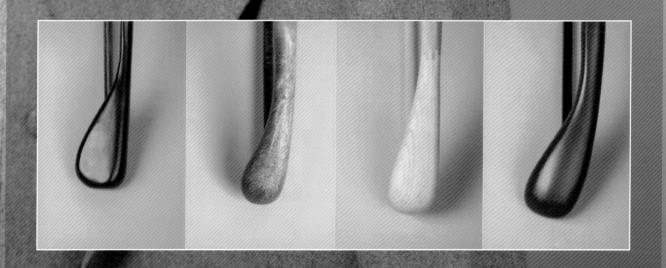

好的西装后背会有工艺制造余量来营造立体感（为肩胛骨等凸出制造空间），衣架有足够的曲度才能在悬挂时照顾到这部分的效果。太直的衣架，把衣服挂得太平，这部分空间反而会发展成多余的皱褶。

所以，我们观察市面上能找到的各种适合悬挂西装的宽肩衣架，就能发现对肩背部不同的处理与支撑。一般来说，如最右侧这样肩头饱满，衣架两边曲度大的衣架，更适合用于西装的长期存放。

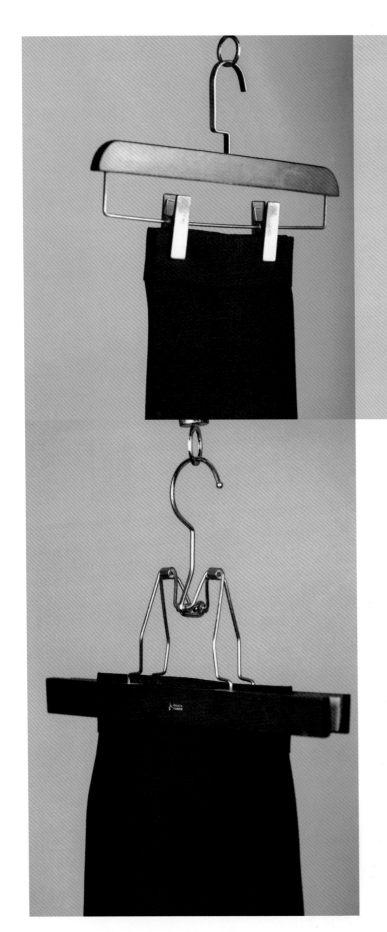

▲

裤架一般有倒挂固定和对折悬挂的两种主要形式。

倒挂固定的，首先面临的问题是许多金属件的承重能力一般，悬挂一段时间后可以看到明显的下滑；其次与面料接触的部分往往是硬质塑料，当季短期悬挂还可以，衣橱长期存放会在裤脚面料上留下压痕。而且倒挂的形式，时间长了一定会导致裤口变形。

◄

要改善这一点，可以采用另一种固定工具，利用机械结构和更宽的防滑植绒把整个裤脚夹紧的裤架。

这种裤架尤其适合翻边裤脚，翻边裤脚用普通金属夹子倒挂很容易变形，用整个夹住的植绒夹子就好多了。

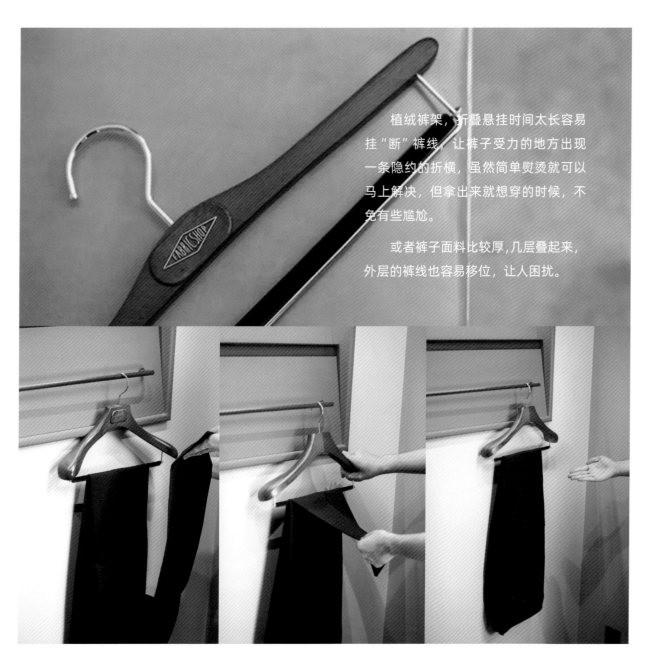

植绒裤架，折叠悬挂时间太长容易挂"断"裤线，让裤子受力的地方出现一条隐约的折横，虽然简单熨烫就可以马上解决，但拿出来就想穿的时候，不免有些尴尬。

或者裤子面料比较厚，几层叠起来，外层的裤线也容易移位，让人困扰。

简单的解决办法是采取更适合长期存放的折叠方式：让裤子从内侧互相对折。裤架质量到位的时候，几乎不会留下任何痕迹。哪怕稍微有一些也是在裤腿内侧，无伤大雅，拿下来就能穿。配合衣裤架一体的优质衣架，存放过季衣物就省心多了。

总体来说，裤子倒挂更适合临时恢复，长期存放请务必从内侧互相对折悬挂。

有条件的话，存放之前应套上透气的西装袋，无纺布等材质的都可以。

在南方要注意除湿，假如要放置樟脑丸等除虫用品，可以把樟脑丸包成一个小袋子挂在衣架上，切记不要放在衣服口袋中。现在服饰的面料成分复杂，纤维细致，一些防蛀化工原料长期与之直接接触，有时会使其脆化破损，要小心对待。

# 02
# DAILY SUIT MATCHING
# 西装日常搭配

100 多年前，现代西装的形制就已经非常成熟，其经典款式至今都没有根本变化 —— 各种商务和仪式（婚礼等）场景的需求为其注入了强劲的生命力。在这些仪式场合，恰当的西装搭配能彰显穿着者的得体以及对他人的尊重。

合适的西装可以提升整体形象，不恰当的搭配也可能带来负面影响。正确的西装搭配需要对服饰形制、细节以及各种配饰组合有一定的了解。

接下来，我们将花时间讲清西装主要的日常搭配 —— 商务通勤和以婚礼为主的礼服场景，还有能适应其他大多数场合的"万能"西装搭配，希望读者能够找到一条轻松驾驭的穿衣之道。

# BUSINESS
# 商务

西装，不仅仅是美学追求，它更是一种社会语言，一种无声的沟通。如何巧妙地运用这种"语言"，恰如其分地展现自己，正是每一位需要应对商务场景的社会人必需的考量。

单排两扣平驳领素色套装是最务实、必需的选择。藏青色和较深的灰色都是极佳选项，能够适应大多数人的生活所需。

肩型可以是英国式的，微微隆起，显得干练、有力量；也可以是平直干净的，低调务实。

黑色或与套装顺色的深色纽扣是比较得体的。切勿选择颜色对比强烈的浅色扣子。

可以准备三件套，但马甲已不是如今日常通勤的常见选择。

袖口三颗或者四颗扣子为宜，三颗更好，日常通勤不会显得张扬。

配蓝色套装的话，衬衫颜色可以是白色和浅蓝色为主，各种形式的顺色条纹都是可以考虑的，请根据职场环境和季节来调整。

配灰色套装的衬衫基本原则一致，白色之外，粉紫色系其实是非常低调而常见的选择。选蓝色在美学上略逊一筹，但可以营造务实的形象。

假如衬衫库存有限，可以盯着几件好一些的白衬衫穿。即便经常穿同一件白色衬衫，只要清洗、熨烫得宜，就会给人留下整洁有条理的印象。

相反，搭配特别出彩的衬衫，即便非常符合美学，给人留下强烈印象，经常穿着也只会让人觉得："他好喜欢这件衬衫啊。""他是不是只有这个搭配是好看的？"这样的单品建议留在需要凸显自己的特别场合穿，而且要避免高频次穿着。

八字领衬衫是商务领域唯一推荐的领型，永不出错。假如需要打领带的话，也是最简单的四手结就可以轻松驾驭的领型。

裤子是否需要皮带，可以根据企业文化决定。一般来说即便腰围合适，也是需要的。

朴素的针扣黑色或者深棕色皮带都可以，不用太多考虑和包、皮鞋等配件的顺色搭配，太过用心容易显得用力过猛。

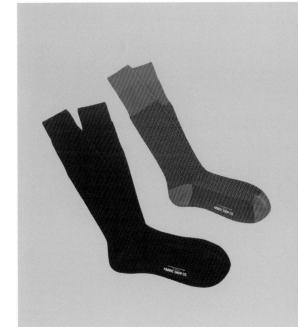

袜子讲究一些的，选择中高筒专业商务袜，以确保固定效果和活动中的良好状态。

实惠一些的，可以到知名快消品牌中去找中筒商务袜，只要选择合适裤长，也不会有行动中露出一截小腿的尴尬形象，有性价比且能保证效果。

颜色可以和裤子或鞋子顺色，我想很多人会选择黑色的袜子，但其实接近黑色的炭灰色和棕色系是更好的选择。炭灰色袜子可以搭配蓝灰色系商务套装，棕色系则适合搭配稍休闲的裤装或棕色鞋履，基本覆盖常见通勤单品。

黑色或深棕色的牛津鞋、德比鞋是首选，不要任何布洛克（打孔装饰）。目前很多大城市也完全接受一些款式简单的乐福鞋——比如深色的便士乐福出现在正式场合。

如果是需要正装，但不需要领带的职场，或在创意、时尚类公司，一般来说白色经典德训鞋也是可以的。

CEREMONY
典礼

# 着装准则（Dress Code）

在讲礼服之前，我们要简单说一下着装准则。

着装准则是在特定场合下，对服饰搭配的一系列要求与规则，以确保个人的着装与环境相符。

即便在西方世界，各国社会文化中，着装准则的标准和实践都有所不同，但基本的理念是一样的，即根据时间、地点、场合来决定恰当的穿着，日本将其总结为 TPO 原则（Time、Place、Occasion，即时间、地点、场合）。

常见的有：White tie、Black tie、Formal、Semi-formal、Business、Smart Casual、Casual, 等等。对从正式到休闲的各种场合都做了一定程度的规定，但由于各地定义有微妙区别，这里不会穷举着装准则的条目，而是帮助大家理解其精神。

我们以 2011 年威廉王子的婚礼请柬为例，正文主要内容是这样的：

The Lord Chamberlain is commanded by
The Queen to invite ——————————
to the Marriage of
His Royal Highness Prince William of Wales,K.G.
with Miss Catherine Middleton
at Westminster Abbey
on Friday, 29th April, 2011 at 11.00 a.m.
Dress: Uniform, Morning Coat or Lounge Suit

很多朋友到这里就疑惑了，着装要求完全没有常见的那些呀？

我们先看下当天来宾都是怎么穿的：

凡有军职的，都穿军礼服到场；当时的首相卡梅伦穿着晨礼服；商界民间来宾基本穿着深色商务套装。

那他们为何如此选择自己的着装呢？

---

提取着装准则的主要信息：

to the Marriage of
His Royal Highness Prince William of Wales, K.G.
with
Miss Catherine Middleton
at Westminster Abbey
on Friday, 29th April, 2011 at 11.00 a.m.

皇室婚礼：正装
威斯敏斯特宫：准外交场合，应注意自己的社会身份
上午 11 点：白天的正装

---

根据这些信息，来宾很自然就分成 3 类：

· 有军职：制服

· 有头衔的、女王发过奖章的、政府高级官员等：晨礼服

· 其他各界人士：商务套装

着装准则在这里是把主要信息告诉来宾，至于如何穿着，要基于对当地文化和自身社会阶层的理解去判断，不能按照简单的字面意思。比如受邀的外国商务人士，穿着本民族礼服或商务套装就比穿着晨礼服要得体。

假如是时尚界人士，还会遇到很多需要自由发挥的着装准则，比如英国品牌可能会来个 Modern London；在上海搞活动 Old Shanghai 就挺常见……这时候就更需要来宾基于自己对品牌和场合的了解做合理发挥了。对此没有想法的朋友也不用担心，多看看身边和自己受邀身份接近的来宾，或大方咨询主办方，都能得到明确的信息。

而出席各种正式场合最好用的礼服，就是下面要讲的塔士多礼服（Tuxedo）。

# 塔士多礼服

假如只能准备一套礼服的话，选塔士多礼服（Tuxedo）不会错。

也许想到礼服的时候，大家脑中会冒出长尾巴的燕尾服，其实按照使用场景、时间不同，白天使用的晨礼服和晚间穿着的"白领结"（white tie）即俗称的燕尾服，从剪裁到具体搭配都有诸多完全不同之处。

英国赛马会和日本首相组阁时的大合照，诺贝尔颁奖典礼和一些欧洲大型晚间外事活动，恐怕是目前少数能看到晨礼服和燕尾服的公众场合了。因为置办整套行头价格高昂，配件繁复，使用频率又极低，已经慢慢退出现代生活序列。

红毯、婚礼、高规格演出或商务活动，着装要求一般就是"黑领结"（black tie），这时要求与会者穿着的，就是塔士多礼服。

## 塔士多的故事

讲到一些现代着装礼仪，很难跳过英王爱德华七世，他登基时借日不落帝国之威，自己又是长袖善舞的社交明星，不免成为当时整个欧洲生活方式的"KOL"（意见领袖）。

一般认为最初就是爱德华七世觉得燕尾服太长，干脆把尾巴去掉，最早的正装短上衣就这么诞生了。这在当时是个划时代的变化，简单来说，KOL 都说好，时髦得不得了。

19 世纪 80 年代，恰好这时美国烟草大亨皮埃尔·洛里拉德（Pierre Lorillard）的儿子把自己体验到的英国时尚带回故乡，在父亲的塔士多俱乐部（Tuxedo Club）活动上，将这种短礼服介绍给美国上流社会，礼服也因此得名"塔士多"。

在英国，一般把塔士多礼服称为 Dinner jacket，穿着礼仪基本一致。

## 基本元素

塔士多礼服组合元素多变，在不同时代都有自己的特点。

整套搭配一般由上衣、长裤、衬衫、马甲、腰封、领结、礼服鞋、襟花、口袋巾等组成。但总体上随着时代发展不断做着减法，各部分款式和细节要求变得简单。手套、礼服背带、礼服围巾等曾经也是标配，现在都渐渐看不到了，本书也不会具体提及。

对扣　　　　　　巴拉西厄呢（barathea）

## 塔士多上衣

最常见的塔士多款式是黑色的戗驳领上衣，单排一扣。不开衩是经典的，双开衩也很常见。

单排扣礼服的纽扣传统上常采取"对扣"的形式，即在正常纽扣和扣眼基础上，缝制一段小带袢，连接一颗对称的纽扣，再以这颗纽扣穿过扣眼固定。这种形式被认为更加符合美学和礼仪要求。

有些地区的日常套装纽扣也习惯以这种方式制作。

塔士多礼服以巴拉西厄呢（barathea）制作的最为传统，它作为黑色礼服首选的历史长达数百年，也被叫作巴拉西厄礼服呢。质地紧密、成衣挺括、光泽细腻是其主要特点。

丝绒也是塔士多很常见的选择，适合参加私人晚宴或者小规模的亲密朋友派对。比较流行的时期也可以用来走红毯，出席礼仪要求更高的活动。

丝绒类颜色丰富，红绿蓝黑较为常见，一般以暗色为主，款式形制参照一般塔士多礼服即可。

塔士多礼服的一大特征是各处有光亮的缎面装饰、驳领、口袋边镶缎、缎面包扣等，比较传统的做法中，袖口也会有单独镶缎装饰。

各色各样的缎面在夜晚的光线下勾勒深色礼服的轮廓也是其重要的功能之一。所以选择深色面料和缎面搭配才更加相得益彰。

　　除此之外，双排戗驳领和青果领塔士多都很常见，后者一般适合更放松的礼仪场合，比如私人酒会。

　　英美也经常见到单排平驳领塔士多礼服，可以算是一种现代的简化款式，也许适合平日礼仪场合较多的朋友作为一种常用或补充选项，是一种不太推荐的组合。

### 白色塔士多礼服

假如选择白色塔士多，就必须提到夏季浅色礼服。

英国称之为：Warm weather dinner jacket，这是一个综合概念，白色是其中之一，还有类似亚麻原色等一系列选项；在美国则比较简单 —— 白色塔士多大概就是夏日礼服的最好代表。

20 世纪初，黑色还一直占据礼服的绝对主流。

据说在 1931 年，"白色夏季礼服"开始在海边与度假胜地蔚然成风，在加勒比海、法国的里维埃拉海岸和美国棕榈滩频频现身。

最迟到 1933 年，白色迅速蔓延到日常礼服的世界，从没有那么正式的热带礼服慢慢走入城市，逐步成为夏日礼服最常见的选择。

夏季礼服羊毛并不是最优先选项，由于必然出汗和高频次洗涤，纯棉纯麻、棉麻混纺很早就被认为是实用选择。

　　制作夏季礼服专用的棉布，呈现斜纹外观、编织紧密、耐洗耐用，是当时的标配之一。

　　洗过几道之后，再白的礼服都会缓缓染上黄色调，因此更自然的奶白、香槟色混纺面料或者原色麻更显得方便可亲，一套微微泛黄的白色夏季礼服可以是一种成熟洒脱的象征。

　　如今夏季礼服面料选项越发多样，轻量化和礼服使用频率的降低让羊毛占据了夏季礼服主流，白色／奶白色最为常见。如果混纺一点丝，光泽漂亮；混纺亚麻，质感应季；混纺羊绒，手感和色泽都会不同，见仁见智。

　　传统上白色礼服驳领是不做镶缎面装饰的。

　　镶缎本是为了在夜晚刻画深色礼服的轮廓，白色本就边界清晰，装饰有些多此一举。而且长期使用之后，缎面和礼服面料色差不可控制，徒增烦恼。白色礼服的使用场景不算多，省去装饰还多了一个当成白上衣的选项。

　　在款式选择上，经典塔士多的款式都可以直接用白色来进入夏天，但与白色的魅力相得益彰的还是青果领。

　　大概是因为可以省掉马甲或者腰封，白色礼服中双排扣一直广受欢迎。标准的 6 扣 2 比较罕见，4 扣 1 甚至 2 扣 1 才是白色礼服最切题的选择。

　　无论过去对白色礼服的款式有多少争论，《卡萨布兰卡》之后，亨弗莱·鲍嘉的双排青果领 4 扣 1 毫无疑问荣登榜首，让每一个选择白色礼服的男士都难以割舍。

# 礼服长裤

### 塔士多礼服长裤

以侧面镶缎装饰为标志的黑色礼服长裤，经典的黑、白塔士多礼服的标配。

没错，黑色、白色塔士多礼服的标配都是黑色礼服长裤。

私人晚宴类场景，主客之间较为亲密的，黑色或丝绒礼服搭配传统黑卫士（black watch）长裤也是一种别致又有英国传统的选择。

比如电影《王牌特工：特工学院》里，主人公和幕后黑手有一场一对一的私人晚宴，主角穿着丝绒塔士多上衣与黑卫士长裤就是一个恰如其分的选择。

## 礼服衬衫 | 襟扣 | 袖扣

最经典的礼服衬衫是用襟扣固定前襟的翼领衬衫：

不知道大家有没有留意过外交或红毯活动，有些打着领结的宾客，其衬衣扣子款式特别，那是与此类礼服衬衫搭配的必备品 —— 襟扣（placket studs）。

襟扣衬衫前襟两层都开扣眼，由襟扣贯穿前后固定。

左：袖扣 | 右：襟扣

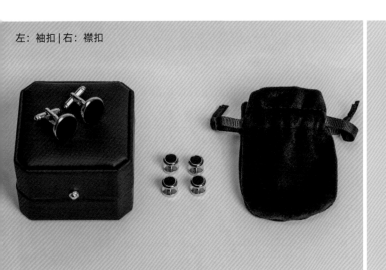

虽然现在很多衬衫品牌也会直接做出不同颜色的扣子来模仿这一效果，但是在传统意义上，是需要用专门的襟扣来固定的。曾经浆洗过的礼服衬衫前襟非常硬而厚，两层叠起来，用普通扣子无法很好地固定。襟扣是专用配件，并不和礼服衬衫成套，有需要的时候要自己购买哦！

需要注意的是，虽然也有八字领的襟扣礼服衬衫，但也都是搭配领结的，假如选用领带（会把前襟遮住），襟扣衬衫就显得多此一举了。

袖扣（cufflink）的历史可以追溯至中世纪，根据目前的研究，最早在 17 世纪就有明确的文字记载留存。

袖扣需要搭配法式袖口衬衫，用以替代袖口纽扣的功能。袖扣佩戴原理比较简单，将之穿过法式衬衫袖口两侧扣眼，调整好袖扣方向即可。但单人操作起来非常困难，需要旁人帮助，因为袖扣本就有一定的社会功能 —— 告诉别人它的主人已婚或身家优渥，因此有太太或贴身仆人可以帮助他打理自己。

当然，现在也有很多金属设计更加合理，方便个人自己佩戴的款式。

袖扣曾经是男士日常服饰的标准配置之一，但随着生活场景的变化，如今日常生活中几乎可以被忽略。除了礼仪场合之外，也不推荐在通勤中佩戴使用。

## 礼服马甲

塔士多常用的礼服马甲，一般与上衣同面料，经典的是图示这种深 U 马甲，比较标准的款式，U 字够深才能凸显硬挺的礼服衬衫和闪闪发亮的襟扣。

也会有马甲和外套面料有区别的情况，一般来说穿异色马甲的是主人或者活动发起人，用于跟宾客做一个区分。比如婚礼，新郎的马甲和领结可以跟客人颜色不同，和来宾做一个区分。此时，用红色等鲜艳色彩的马甲来搭配黑色礼服是常见的。

## 腰封

腰封，也会直译作卡玛绉饰带（cummerbund），现在使用频次很低，不作太多说明。

腰封本是殖民时代，热带地区英国驻军用以代替马甲功能的（最初来自印度当地服饰的腰带），因此和马甲是互斥的，不要同时使用。

可以提一下的是，腰封的皱褶曾被用来临时插个戏票之类，有微弱的收纳功能，因此传统上穿着时皱褶要朝上。

## 领结

没有什么疑义，黑色手打领结当然是礼服标配，除此之外，领结形态和材质有许多具有细节差异的变体，不影响大部分场合使用。结的大小和礼服衬衫的领子或上衣驳领大小成比例即可，领结材质一般是黑色丝质或丝绒材质。

▲

无论搭配经典的翼领还是八字领，领结都是要压在衬衫领片之上的。

虽然领结很容易压不住翼领，在实际使用中脱出，但佩戴的时候尽量处理整齐是基本的形制要求。

偶有塔士多配领带的场合，仔细看一下着装准则，一般都会是 Creative black tie 或是 Black tie optional（美国较常见），谨慎判断之后再选择自己的着装哦。

## 礼服鞋袜组合

这可不是女鞋，标准的礼服鞋就是这种带着小蝴蝶结的室内鞋，一般被称作舞会鞋（opera pump），可以和所有常见礼服搭配。搭配的经典黑色长筒袜由棉、羊毛或真丝混纺制成，讲究一点还会定制与家族或个人身份相关的纹样。

不过，在国内穿着这样的鞋履未免有些惊世骇俗，作为舞会鞋的替代，以下三种不失为现代选择：

### ①打亮或漆皮的经典鞋款

只要满足油光锃亮这个基本要素的黑色经典鞋款，例如牛津鞋或德比鞋等，如今充作晚会鞋在国内外都不算失礼。大大降低了礼服鞋搭配的门槛。

### ②马衔扣乐福鞋

马衔扣偏向休闲，但其实晚装配件（比如晚装包等）用闪亮金属来勾画轮廓是很常见的设计。

这一点黑色马衔扣乐福鞋很符合礼服配件设计的要素，也已经得到了社交界的认可，英国已故菲利普亲王（英女王伊丽莎白二世的丈夫）就经常穿着马衔扣乐福鞋搭配礼服。

### ③室内鞋

草坪酒会等室外场景除外，室内活动大可穿着舒服方便的丝绒便鞋。很多快消品牌也有化纤仿制的低配版，门槛低、选择多、价格实惠。

## 襟花

　　常见白色的襟花，是插在驳头花眼中的重要装饰，也可以用别针固定在驳头上，但不要插在胸兜里。

　　讲究的西装，驳头花眼后都会有一条小带袢，花茎从前面的花眼穿入，然后插入驳头背面的带袢固定。

　　一些品牌也会对花眼和带袢做各种形式的装饰，如异形的花眼或用不同颜色的线袢组成一些有特定意义的图案、颜色组合，等等。

　　20 世纪初以来的礼仪惯例中，一般认为三种襟花可以用来装饰西装：蓝色矢车菊、红色康乃馨和白色栀子花。粉色康乃馨和各种永生花现在也很常见了，但蓝、红、白三色依然占据了襟花的主流。

　　由于中国文化中对白花还是比较忌讳的，这种时候可以选择红色。

## 口袋巾

　　对于参加各种仪式的宾客来说，白色口袋巾是最好的选择。

　　之前提过，礼服镶缎是为了在夜晚照明中勾出服饰的轮廓。而胸兜是否镶缎一直是个见仁见智的问题。很多设计者认为，配白色口袋巾便起到了与胸兜镶缎同样的修饰效果，故不应同时出现。

BLAZER

# 万能单品：海军蓝布雷泽

"布雷泽"是我们用来称呼一种经典西装上衣的，这个词直接来自英文单词
"Blazer"。

广义地说，布雷泽可以指代任何非套装的单件西装上衣。但当我们说到狭义
的"Navy Blazer"时，则指的是具有特定款式元素的海军蓝西装上衣，有时候，
这个词还包括了布雷泽和几种经典长裤的搭配组合。

在 1870—1920 年的 50 年间，布雷泽与英国海军的崛起、世界名校的运动
风潮及美国的发展产生了深刻的联系，使得这款海军蓝的西装上衣逐渐在
人们的日常生活中占据了重要位置。无论是正装，还是运动，甚至无论春
夏秋冬，只要简单搭配，海军蓝布雷泽就能轻松驾驭各种场合。

过去如此，现在亦然。

# 简史

布雷泽是标志性的经典男士外套，通常为深蓝色，带有金属纽扣，适用于多种场合。这一服饰的历史可以追溯到 19 世纪。

一种说法认为，"Blazer" 这个名称可能源自英国剑桥大学玛格利特女士（Lady Margaret）划艇队，因为他们的队服是鲜红色的，常被描述为"像要烧起来"(Blazing)。这种醒目的外套为当时的水上运动设计，剪裁和制作上带有机能性服饰的特点。

另一种起源涉及英国皇家海军：

17 世纪末，英国人在印度发现了蓼蓝这种植物，用它染出的蓝色能够抵御阳光暴晒及高强度劳动而不褪色，因此受到了海军水手的欢迎。

一种比较公认的说法称，1873 年，维多利亚女王巡视一艘战舰，舰长为了迎接女王，让船员们都穿上了这种深蓝色外套，整齐的军容受到女王表彰，之后女王将其指定为海军制服。

可能是海洋将水上运动和海军联系在了一起，一个给予名称，一个启发了基本款式，海军蓝布雷泽自此流行起来。

这一款式最早是双排扣设计，用于抵御海上寒风。当时英国王室成员，如爱德华七世和八世（后来的温莎公爵），经常穿着这种深蓝色外套，引起许多人的模仿，这也成了双排扣海军蓝布雷泽进入日常生活的契机之一。

布雷泽的定义可以非常精确，也可以宽泛而简单：

蓝色西装款上衣，双排单排都可以，假如一定要增加一点限制，选择海军蓝（国内一般称之为藏青）配上金属 / 浅色扣子的组合最为合宜。

# 适应各种场合的
# 布雷泽基本搭配

**商务会议、正式聚会、商务晚宴等场合：布雷泽 + 灰色羊毛长裤**

依然能在全世界看到的理想搭配，在英国搭配各种灰度的法兰绒长裤；在日本的地铁上，则容易看到浅灰色精纺长裤或暗格纹灰色长裤的配置。

几乎适合所有未设置明确着装准则的礼仪活动，配有光泽的纯色衬衣当开会套装或者去商务酒会都很合适。

解下领带，配青年布或棉麻、牛仔衬衫，市内散步、兜风、约会也非常优雅。

## 商务、休闲聚会、校园活动、周末时光等：布雷泽 + 卡其裤

可能是国土开拓时期的沙漠和公路之上的蓝天赋予了这种搭配独特的美式风情，卡其色长裤的搭配算是美国对经典男装的重要贡献。

棉是卡其裤的标准选择，但在美国之外的环境可能显得休闲了一些。

而在棉之外，精纺羊毛的线条感或者灯芯绒的柔软能让你在商务和户外之间更轻松地转换。这点比灰色长裤更灵活随意。

要正式一些，就增加上下装材质的光泽；要休闲一些就粗软一点，通过对材质的合理选择就可以适应各种场合的需要。

配个牛津布扣领衬衫外加乐福鞋，美式学院风便可信手拈来。

## 休闲聚会、约会、都市日常：布雷泽 + 牛仔裤

曾经仅仅适合在晚上外出、市内随便走走或参观展览的搭配。

如今已经非常泛用，是日常休闲和周末通勤的好选择。

适应季节的能力也是最强的，可以根据气温（高 => 低）选择合适的颜色（浅 => 深）和水洗程度（重 => 轻）的牛仔裤。

切记裤子颜色不要和上衣太接近，容易给人一种配错套装的印象；上衣面料材质也不要过于光滑闪亮，否则和较粗糙的牛仔裤搭配可能显得不伦不类。

## 夏季活动、海滨聚会、半正式聚会等：布雷泽 + 白色长裤

假如说卡其色代表美国的沙漠与公路，白色就是代表英国军舰驶过的粲然天空和地中海游艇徜徉的片片白云 —— 这里蓝和白的组合是天赐和谐。

过去，美国有劳动节（9 月第一个星期一）之后不穿白色的传统，而现在只要阳光灿烂，白色都是受欢迎的。

炎热夏天或海边旅行，配上海魂衫和白色长短裤就是休闲搭配；白色、浅蓝色、浅粉或者浅玫红的麻衬衫也大可以登场去应和阳光和生机勃勃的夏日景色。

近 150 年来，海军蓝布雷泽以其易用与多场景的功能性跨越了时间、空间、规则的门槛，不断与全新的材质、元素结合，不断被赋予新内涵和丰富的演绎，甚至已经不局限于某种着装体系或原则框架之间，成为贯穿近现代穿着史的超级单品之一。

假如年轻的朋友想尝试新的风格，却为应该选什么而犹豫的话，选海军蓝布雷泽吧！甚至不一定是经典的藏青色，可以有更多色彩和纹样，总之，找一件你喜欢的蓝色上衣，从那里开始吧！

# 03
# COLOR MATCHING
# 西装应季色彩搭配

---

色彩搭配算是时尚行业的重要一环，遗憾的是，这么多年来一直走在复杂化的道路上。

现在谈颜色搭配仿佛必须谈色相、纯度、明度、色环、对比色、补色、相近色……其复杂程度别说一般消费者，正经学过素描和色彩的人也有几分望而却步。

其实，我们需要的是像电视剧里搭配大师一般的执行方式：看一眼衣架上挂的衣服，然后帅气地把 A、B、C 搭配在一起，接着收获掌声与微笑，这就齐活。这其中如果加入大量思考"知识点"的空当，想必会大煞风景。

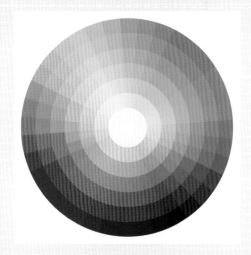

如何达到搭配大师一般的境界？显然不能靠思考和理性，只能靠直觉。

幸运的是，直觉无须学习，考验的是我们的感性认识。感性认识不是玄学 —— 是我们看到、听到、触摸到、感觉到的总和。

你可以观察建筑，你会发现如今城市最常见的是三种颜色：天空的灰蓝、阳光的红色调（比如砖）、大地的黄褐色。

感性认识的范本就是自然与环境。春天服装颜色开始明亮，夏天色彩跳跃，秋天朴实，冬天深沉。

自然环境就是我们的色彩范本，城市规划受自然影响，着装配色受城市环境制约。

观察环境，蓝、灰色调为主的钢筋水泥丛林里，蓝色、灰色就是最好的保护色和迷彩服，顺理成章成为企业"战士"的必备。

而一度"不进城"的棕色，就是山野泥地最好的代言，大地色系的代表。

看乡村服饰，泥土色、草色的上衣，枯黄的毛衣，石色、棕灰的裤子，这不就是乡村景色的总和吗？

再看经典海军蓝上衣，蓝色上衣跟白色裤子的搭配不就是蓝天白云？

美国更偏向蓝色上衣和卡其裤搭配，除了历史原因，广袤的沙漠和大发展时期不断向荒野延伸的公路就是卡其色最好的展示场。

再看季节，经典夏季马德拉斯（madras）棉外套，就是一片姹紫嫣红的花田；卡其裤不就是泥土吗？搭配粉色或白色衬衫，是不是花朵或云翳？

始终是秋冬户外经典的粗花呢，所有色彩都来自冬季的自然景色，甚至传统上就用相应的季节植物染色，与环境是如此和谐。

因此，当你考虑颜色搭配的时候，只需考量你身上的色彩是否能构成你脑中本就存在的某种景色，以此指导自己，多半不会错。

# SPRING AND AUTUMN
# 春秋季

春秋季节是生长、结果的季节，气候温和，适合大部分四季款服饰。

春季日常西装不用改变灰、蓝的基本配色，但可以增添光泽，增加明度。

秋季色彩与季节一样逐步深沉，夏日未褪尽的绿意和秋天的落叶果实混杂，丰富的质感可以适当体现在面料质地上，比如水洗的、有毛感的材质。

我们就从日常商务的灰、蓝开始，初步谈一谈春秋季的西装搭配。

冷的时候将颜色加深，转暖的时候颜色略浅是春秋季搭配的大原则。

现在，让我们来想象吧！

## 春秋季的灰色系套装

春秋季的中灰色套装，就像是城市中一座灰色的大楼，它会跟什么样的颜色接触？

太阳光照在上面，也许是明度不高的红或晚霞里的粉紫。

那么搭配中灰色西装的，除了白色衬衫之外，浅粉、紫以及对比较弱的顺色粉、紫条纹就是最值得尝试的。

领带和袜子等则可以用来和城市其他常见景物呼应。浅黄色带有蓝色／红色图案的领带，像不像灰色大楼边的街灯？天蓝色印有黄色／蓝色图案领带，正好是灰蓝城市和金色阳光。

浅灰色、酒红色的袜子，一个是大厦自身影子的延续，一个是落在脚下的光线，再配上如泥土或大地一般的深棕色、黑色鞋子，是不是脑中马上就浮现出清晰的画面了？

如果天气暖些，换上浅灰色套装，就可以首选白色、黄色系来组合。

衬衫搭配可以随着阳光和套装的颜色稍有变化。白色衬衫不会出错，但既然套装颜色变浅了，就像一栋浅灰色大楼，反射的光也更加轻柔：试试极浅的黄色、奶色衬衫或浅蓝色衬衫，条纹也以这几种色调互相搭配，大概率效果不错。

因为套装颜色变浅，不如深色对比强烈、轮廓清晰，容易和其他色彩混淆边际，选择配饰就要多考虑这个角度：领带可以选浅黄色、灰色为底，但要注意避免和衬衫顺色。

假如搭配的衬衫领带以黄色、蓝色为主，可以选择深蓝色袜子。偷懒的话，不论深浅，灰色袜子可以兼容浅灰色西装的大部分搭配。

而鞋子的选择，除了黑色、深棕色之外，在温暖季节，就可以考虑比深棕略浅的栗色鞋款。

### 春秋季的藏青 - 蓝色系套装

你可以把它想象成一栋蓝天白云下的蓝色建筑。配白色和浅蓝色衬衫一定没问题，可以再根据气温和天气选择材质颜色的深浅。

蓝色衬衫可搭配较深的蓝底与白色／红色／银色小图案组合的领带，像不像路边的花坛或地上的光斑？

白色衬衫可搭配芥末黄等较浅的大地色领带，就像白云中隐隐的金光。

偷懒一点，和上衣颜色相当的蓝色袜子或和鞋子顺色的袜子是永远不会出错的组合方式。

经典黑色之外，栗色和酒红色鞋履也可以适合更休闲或半户外的场合。

春秋季都合适的特别材质非灯芯绒莫属。虽然不适合强商务场合的需求，但穿着方便轻松，也容易和一些时尚单品组合。

首推经典的棕色灯芯绒或灰蓝色系。前者像泥土大地一样应和秋日的底色，后者让钢筋水泥的都市也带上了一份柔软的季节质感。

内搭可以选比外套浅的顺色、元素简单的水洗牛仔衬衫，或选择花色不复杂的格纹，比如白底上的黑线小方格衬衫等，都可以适当尝试。

也可以根据季节选择棉麻／略带毛感的法兰绒衬衫，太光滑或者"精致"的面料和灯芯绒是不相配的 —— 毕竟大地上的自然景观总是驳杂而丰富的。

深秋的时候，灯芯绒和高领毛衣的搭配相得益彰，对于很多办公场合来说，也是可以接受的。

毛衣选黑色总不会出错；灰色系灯芯绒搭配紫色毛衣略显大胆，但在美学上是可接受的；棕色系外套也可以搭配蓝色和酒红色内搭。

选棕色、酒红色、杏色袜子都是合适的，像不像大地上的果实？假如要搭配浅色德训鞋，可以穿白袜子。

棕色翻毛鞋款、马球靴等都可以搭配，可根据场景适当选择厚底有功能性或者适合户外的配置。

春秋天气偏冷的时候，略带毛感的经典千鸟格上衣是百搭的单品。

不会过分沉重温暖，也不会太明亮跳脱。

内搭常见的白、蓝正装衬衫或者元素简单的牛仔衬衫，甚至纯色 Polo 都可以。

千鸟格是对灰色的另一种演绎，假如面料光滑，就像灰色的大楼立面；假如更粗糙，就像石头和泥土交错，很多搭配思路就可以由此出发。

裤子建议以纯色为主，要正式一些，可根据天气选深浅不一的灰色；休闲的话，也可以选白色或者很浅的奶白 / 黄，用水洗或纯色的牛仔裤搭配也不会太违和。

千鸟格上衣搭配黑色牛津鞋是可以的，但考虑到它自带一些时尚感，不要那么正式的话，棕色翻毛鞋款更搭调一些。

后文的领带篇中，会介绍一些选择领带的参考，不过依据千鸟格目前给人的印象，也许不打领带是个更好的选择。

千鸟格，也叫犬牙格（houndstooth）、鸡脚格（pied-de-poule）等，其单个形状似犬牙，组合排列起来又像千鸟飞翔的样子。以黑、白两色最为常见，但也有使用其他颜色的版本。

千鸟格的起源可追溯到古苏格兰地区，在公元前就有类似图案出现。现代意义上的"千鸟格"这个名称直到 20 世纪 30 年代前后才被广泛使用，20 世纪 60 年代，当时的服装设计师大胆将其引入流行的时装中。

此外，千鸟格纹还常常与英国传统乡村生活联系在一起，被广泛应用在相关服饰中。

GunClub，即射击俱乐部格纹，也是春秋非常好用的大地色系格纹代表之一。

生于旷野，又因经典而汇入都市生活。

休闲内搭适合有质感的灯芯绒、法兰绒、水洗牛仔衬衫；坑条针织或绞花细致的毛衣也会显得和谐。

搭配灯芯绒长裤，灰、绿、棕都有不错的效果；颜色较深的灰色长裤或者牛仔裤也能适合较放松的通勤日常和休闲场景。

大地色系的领带或配饰，比如鲜艳的绿色领带，光滑材质就更像春日，毛感加强就像进入深秋；深棕或者金棕色也同理。商务一些的话，选择灰底领带也能赋予一些正式感。

和元素简单的翻毛鞋、靴或棕色皮鞋都是不错的组合。

---

**射击俱乐部格纹本就是一幅图景，最开始它被称为 The Coigach，正是得名于苏格兰西北部的 Coigach 半岛。**

格纹所采用的黑、红棕、浅金、松石色都可以在当地的风景中找到。

1874 年，一个北美射击俱乐部将其选为会员制服，自此射击俱乐部格纹的称呼被逐步接受。

射击俱乐部格纹与其他一些经典苏格兰格纹具有相似性。这些格纹都流行于英国乡村贵族和上层阶级，常被视作传统和高雅的象征。

20 世纪下半叶，随着休闲和户外穿着风格的流行，射击俱乐部格纹逐渐进入主流时尚领域。许多著名设计师和品牌将其用于他们的设计中，不仅限于男装，也被用在女装和配饰中。

射击俱乐部格纹具有一些明确特点和原始定义，但并没有严格的组成规则。更多的是一种灵感和风格指导，而不是一种固定的设计规范。这种灵活性增加了它的吸引力和通用性，可以加入或改变颜色组合来适应不同环境和场景，使其能够适应各种各样的时尚需求和审美趋势。

# SUMMER
# 夏季

夏季和西装好像毫无关系，但其实夏天最能体现经典着装多样性的一面。
随着生命盛放在阳光灿烂的时节，服装的多彩会变得和谐悦目。

夏季正是在商务场合内外，体现别样穿搭风格的最好机会，可以去掉一
些仪式感，让西装也展现出日常休闲的穿着体验。

在强烈的夏日阳光下，微妙的质感会被抹去细节，变得更加平滑。所以夏天的商务套装面料可以选择光滑细腻的，让经典的灰蓝色变得更浅，显得更轻盈一些。

可以和白色、浅蓝色衬衫搭配，领带可以选有质感的针织或者容易入手的提花款式；绿色／白色／极浅的黄色底配上清爽的蓝色系条纹／波点等经典小纹样，就像生机勃勃的繁花，适当运用，会显得举重若轻，游刃有余。

假如没有特别的商务要求，棕色乐福鞋可以算夏季最好用的鞋款，虽然在欧美，带穗的款式更加正式，但国内不妨以经典的便士乐福鞋为主。

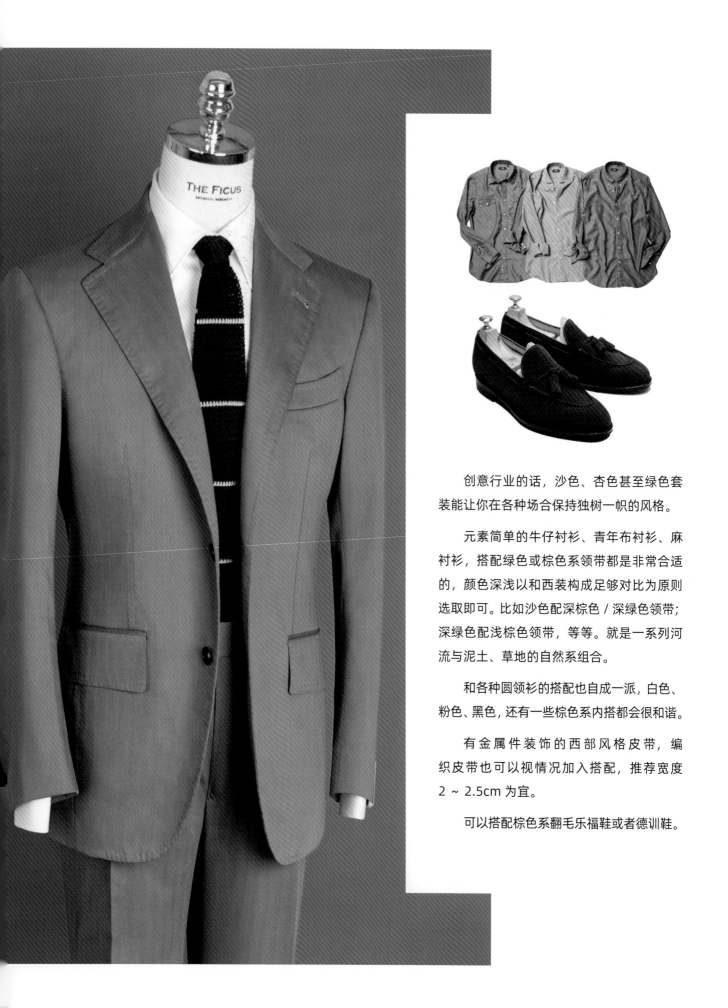

创意行业的话，沙色、杏色甚至绿色套装能让你在各种场合保持独树一帜的风格。

元素简单的牛仔衬衫、青年布衬衫、麻衬衫，搭配绿色或棕色系领带都是非常合适的，颜色深浅以和西装构成足够对比为原则选取即可。比如沙色配深棕色／深绿色领带；深绿色配浅棕色领带，等等。就是一系列河流与泥土、草地的自然系组合。

和各种圆领衫的搭配也自成一派，白色、粉色、黑色，还有一些棕色系内搭都会很和谐。

有金属件装饰的西部风格皮带，编织皮带也可以视情况加入搭配，推荐宽度2～2.5cm 为宜。

可以搭配棕色系翻毛乐福鞋或者德训鞋。

经典蓝白条纹泡泡纱套装，成套穿着或单穿上衣，都能营造实用的美式夏日氛围。速干、好打理，可以说是夏季外套必备单品之一。

清爽利落的条纹，可以简单地和当季景色融为一体。

商务可以搭配白色扣领衬衫，或浅蓝和极浅的黄色衬衫，加深色针织领带；休闲可以和麻衬衫、深色 polo 衫、水洗效果明显一些的牛仔衬衫组合。

和各种夏季鞋履搭配都不违和、需要一点搭配门槛的蓝色鞋也合适。

泡泡纱（seersucker），是一种独特的夏季面料，以其凉爽的质地和充满趣味的纹理，在美国有着深远的历史和文化传统。

泡泡纱纵向起伏的褶皱，最初由独特的纺织方式造成。它曾是美国西南部夏季必备，不仅为人们带来舒适，也蕴含着对自然的向往。

这种面料的流行几乎与牛仔裤类似，与美国的淘金热相伴。早期主要用于铁路工程师和工人的工装，以适应锅炉房的高温环境。

从深蓝底白色条纹工装逐渐演变而来的泡泡纱带有一种工业美感，20 世纪 50 年代，泡泡纱在常春藤名校中开始流行，诸如布克兄弟（Brooks Brothers）等知名品牌也将其纳入产品线，使得泡泡纱逐渐演变为一种传统的夏季着装文化，展现出浓厚的美式风格。

今天，泡泡纱成了夏季休闲的代名词，与牛仔裤等各种休闲裤都能轻松搭配。

　　**牛仔西装**可能是相当大胆的选择，链接经典和时代潮流。

　　可以和浅色麻衬衫、圆领衫、各色海魂衫组成海上风景画，白帆、海岸和沙滩就自然变成了白色、灰色和卡其色的裤装。

　　鞋子更是没有什么禁忌，休闲鞋款可以大胆搭配，搭配运动鞋，哪怕是草鞋都会很出彩。

THE FICUS
ARTISANAL MENSWEAR

马德拉斯（Madras）象征夏季花田，也是代表性的夏季西装上衣之一。

马德拉斯这个地方现在被称为金奈，是印度南部的一个城市。在 17 世纪，英国东印度公司在这里建立了一个贸易站。他们在当地发现了一种质地轻薄、图案丰富的棉布，这就是我们现在所说的马德拉斯棉布。

当欧洲人将这种布料带回西方世界后，富人和冒险家们的偏爱让马德拉斯成为象征异国情调的"高级服饰"，因为只有他们才能负担得起长途旅行。

1958 年，美国成衣品牌把一批未经水洗的马德拉斯面料制成了衬衫和夹克，虽然因为洗后褪色引起了一阵轩然大波，但最终这场质量灾难却发酵成了营销事件，植物染色的面料水洗后不规则地自然褪色，反而成了让消费者们趋之若鹜的产品特色。到了 20 世纪 60 年代，马德拉斯布料在美国变得非常流行，被用来制作衬衫、裤子和西装上衣。

马德拉斯既可以是纺织的，也可以是拼布的。传统是手工制作，布料由易碎的棉短纤维编织而成，这就导致布料不均一，有竹节状的独特质感。拼布则是将多种马德拉斯小布块整理成方块或矩形，然后重新缝合在一起，形成各种格子图案。同样轻薄透气，色彩丰富，非常适合夏季穿着。

现在，单排马德拉斯上衣是学院风不可或缺的夏季单品，虽然看似夸张，却能和各种清爽的纯色衬衫、裤子构成有风格的个人搭配。值得在夏天也不甘平庸的朋友们多多尝试。

**原色或者白色的亚麻套装，**100 年前是非常标准的夏季日常着装。

随时代发展，绿色和沙色、烟草色也加入进来，成为比较"时髦"的选择。

亚麻可能是陪伴人类最久的面料之一。

它的制作过程充满自然之美，需要先在冷水中腐烂，然后经过反复的筛刷和晾晒，从而获得纺织所需的长纤维。

亚麻的颜色和质地因产地而异，俄罗斯亚麻颜色灰白，比利时则以光亮和纤维长著名，荷兰亚麻比较粗糙，爱尔兰亚麻颜色淡而柔软。

快速排湿的干燥能力和现代纺织带来的舒适触感，使其成为优雅和实用结合的典范。

原色亚麻、浅色亚麻、绿色或烟草色亚麻套装或上衣都是夏天非常便利的单品，常见的牛仔衬衫和麻衬衫都能很容易地与其搭配；棉麻混纺的针织 T 恤也能搭出别致的休闲感。假如要打造有西装单品的夏日衣橱，亚麻必不可少。

# WINTER

# 冬季

冬季，大自然进入休眠状态，但这并不妨碍绅士们在寒冷的季节展现出独特魅力。适当的气温和复杂的质感，给西装的多层次穿搭创造了舞台。

冬季色彩逐渐趋于深沉，仿佛大地在安静中思索。这个季节，我们可以选择颜色更深、质地鲜明的面料，如绒面或编织。这些面料不仅能够更好地抵御寒冷，还为整体造型注入了质感和温暖。

## 法兰绒

法兰绒，这是一种拥有柔软触感和保温性能的面料，早在 16 世纪，法兰绒已用于制作内衣，赋予其温暖与细腻。这种传统延续到 19 世纪，法兰绒开始被用于制作西装。

法兰绒有明显的特点 —— 表面有一层细腻的绒毛，这层绒毛不仅赋予法兰绒独特的手感，还能吸附空气，抵御外界气温变化，有较好的保温效果。

制作西装的法兰绒基本是羊毛材质，快消品牌常见的法兰绒衬衫大都是棉质的，通过现代纺织技术的处理得到了起绒的表面质感。

条纹法兰绒或者灰色系法兰绒套装都是特别具备冬季城市通勤氛围的着装。应和季节感的同时，质地柔软，皱褶柔和、易恢复都是法兰绒的优点。

日常穿着可以搭配牛津纺或素色法兰绒衬衫，商务场景搭配白色衬衫即可，需要领带的时候，可以在冬季的大地色系中选择棕色、枯草般的绿色、石头的浅灰等。

黑鞋没问题，搭配深棕色光面皮鞋或者元素简单的翻毛皮短靴也能在都市日常休闲之间转换。

## 花呢

花呢（tweed）的历史可追溯数百年，起源于英国苏格兰和爱尔兰等地的农村地区。其独特的编织方式和适应当地环境的羊毛材质使其成为户外活动的理想之选。

花呢以其厚重、坚韧和耐用的特性而著称，作为当地居民和狩猎者的首选，花呢面料与粗犷的户外环境相得益彰。

经典的花呢款式包括格子、斜纹和条纹等，这些花色取自苏格兰和爱尔兰当地风景，呈现出湖泊的波光、山脉的层次、天空的色彩，体现了其地域文化的特色。

大地色系的花呢搭配都市感很强的蓝色好像是一个难点，其实挑选带有蓝色线条或杂色的图案，就能恰当地把蓝色／灰蓝色甚至水洗牛仔裤加到搭配中，要点是大块的蓝色也必须质感鲜明，有杂色感，质地太细腻或颜色纯度太高就容易显得突兀。

其实现代纺织技术已经成功地将花呢城市化了，手感更加细腻，花色也更符合城市景观的需求。纯灰色人字纹一类的花呢套装，甚至作为冬季的都市商务套装也不会显得违和。

当然花呢更好的选择还是一系列含有杂色的大地色系休闲上衣，恰到好处地把土地和钢筋水泥混合的都市冬日表现出来，搭配巧克力色的内搭或长裤给人温暖的感觉，如果搭配绿色系也能展现鲜明的户外感。

同时可以搭配牛津纺白衬衫表现都市感，也可以用青年布衬衫或牛仔衬衫演绎休闲的随意。

深棕色光面皮或翻毛乐福鞋或短靴类都是很好的配鞋选择。

# 04
# ADVANCED
# GUIDELINES
# 西装搭配进阶准则

经典着装是最近 200 年发展起来的一套应对各种场合、形制完整、功能
完善的服饰体系。西装是其集中代表之一，西装的搭配体现了种种历经时
间考验，符合我们对场合、季节感性认识的搭配准则。

虽然这些准则未必总能迎合瞬息万变的时尚浪潮，却能够让我们在日常
通勤中事半功倍，更从容地应对各种需求，为我们的着装搭配融入高效
和优雅。

# INTERWOVEN SHADES
# 深浅交错

服装搭配中，深浅搭配被视为基本原则之一。将深色的商务西装与浅色的衬衫相互交融，再以明亮的领带点缀，展现出一种至简至明的深浅搭配。

较深的颜色一般能引起观者更多的注意，内外对比能映衬出服饰的轮廓边缘和细节，兼顾整体和局部。

这能够塑造让面部和身体顺畅过渡的 V 区——如同很多圆领、高领针织衫搭配长毛衣链、丝巾，也是让面部到身体的过渡更加自然。

在搭配实践中，深色的外衣与浅色的内搭相互协调，形成了有序的和谐。而浅色的外衣可以与更浅或更深的内搭搭配，以提升整体效果。深浅交错的搭配为我们带来了更多的可能性，也是容错率很高的一种基本搭配原则。

从套装延伸到全身的多元搭配，上深下浅容易显得干净利落，展现出根植于感性认识的搭配智慧。人们一直将头重脚轻视为搭配的瑕疵，这正是源于我们对大地深沉质感的共鸣，这种感知深植于我们的文化中。

经典的绅士鞋履往往是黑色或深棕色，代表土地的深沉质感，给全身搭配以强力的"支撑"。也因此以深色的鞋子向上倒推，裤子浅、衣服深就成为一种很容易显得协调利落的搭配。反过来设想一下，深色上衣搭配浅色裤子和鞋，人在大地上的落脚点变得模糊，如同深色巨石放在没有底座的细细浅色支柱上，这种视觉错位让整体呈现出头重脚轻的不协调感。

即便在夏季，当浅色和白色主导潮流时，鞋子的颜色会稍微明亮一些，但通常仍然比上衣和裤子更深，以确保视觉的稳定性，将支点牢牢"落地"。

实践上深下浅的组合，各种灰色裤子、卡其色、白色、水洗牛仔裤就成了完成这套搭配的便利单品。也会成为每一个男士构筑成熟衣橱的基础。

# MATERIAL HARMONY
## 材质呼应

说来简单，粗的配粗的，细的配细的。

粗细相得益彰，质感相互呼应，很多看似款式合适的服饰，互相搭配的违和感往往就是质感不相适应。

比如光滑明亮的丝质衬衫直接和质感粗糙的花呢上衣搭配，难以呈现理想效果。换成同样有毛感的法兰绒或者灯芯绒衬衣，

或者配个针织或毛衣，整体质感的组合就和谐许多。

又比如细腻的纯棉衬衫和精纺羊毛商务套装，属于细配细的典型四季通勤组合。

夏季休闲一些的，麻衬衫配牛仔或者丝毛混纺外套，应季的质感在阳光下反射出当季独有的风貌。

　　细致精纺四季套装，表面光滑，最适合搭配的就是同样较为光滑的纯棉衬衫；
随着季节变化，面料纺织不再那么紧密，有空隙而且表现出更多原纤维的质感，
呈现较透气、视觉也略粗糙的表面，就可以搭配水洗牛仔、棉针织这类互相之间
粗细质感接近的内搭。棉麻衬衫、纯麻衬衫这样略粗糙的外观也适合与这些材质
组合。

丹宁衬衫、法兰绒上衣、丝毛混纺围巾、口袋巾

像秋季阳光般细腻而富有质感

高领毛衣和花呢外套

粗糙质感应和冬天所需要的温暖感觉

气温向冬天发展，面料也从光滑细腻的春天、干爽轻盈的夏天，转向带着毛感的柔软冬季。服饰的颜色变深，质感粗糙中带着微微起毛的温暖感，内搭就自然地从水洗牛仔、针织一类过渡到羊毛、羊绒衫的蓬松绵软。同样带着毛感的灯芯绒衬衫、法兰绒衬衫也就顺理成章加入冬季的内搭序列。

这种质感的互相搭配并不是绝对的准则，只是在你选择特定单品的时候，可以为你提供一个容错率相当高的方向。

ADROIT BACKDROP

# 善用底色

在服饰的解谜游戏中，黑、白、灰是万能钥匙，能轻松解决众多扑朔迷离的搭配难题。

一件不管如何搭配总显得不得体的深色上衣？何不在纯白上一试身手？

而一件鲜艳明快的浅色上衣呢？纯白或者纯黑，总有一个是答案。

内搭和裤装统一成黑、白、灰其中一种色彩，就像有了三块底色不同的画布，然后在这三种底色上添加与之对比鲜明的其他色彩，就能轻松解决很多搭配难题。

其中，黑色在寒冬时更显内敛与庄重，而夏日的清爽氛围让白色卓然出众。

白色内搭和白裤子，作为一张白纸，可以说是面对一件纹样复杂或一时间没有搭配方向的外套最轻松的试错方法，气候温暖或阳光灿烂的时节可以优先考虑。

天气转凉的时候，更深的黑色和炭灰色可以互相组合，对各种应季的法兰绒或者花呢兼容度都很好，面对明显的大地色系和对比显眼的格纹也比较友好。

至于灰色则相当灵活。即便只有浅灰和深灰的裤子，也足以妥帖应对四季多变的搭配难题。

善用底色的方法非常偷懒，可能并不适合对颜色和质感都非常敏感的朋友，但胜在挺一挺总能穿出门，对尝试各种搭配是一个非常便利的入门技巧。

# 05
# ACCESSORIES
# 西装配饰

西装的魅力不仅仅在于其本身，更在于精心搭配的组合。衬衫、领带、皮鞋、袜子、帽子……这些各有千秋的组成部分，共同构建了完整的形象，并在人类生活的实践中被反复淘洗，形成一套和谐有效的组合。

# SHIRT
# 衬衫

衬衫曾经一直是"内衣"。从初露领子和袖口的尝试，到最近两百年间成为真正的外衣，它的转变不仅是一场时尚演进，也是跟随人类生活场景变化的历史切面。

当我们谈论上装、下装，当我们试图理解单品的功能性，如防风、保暖、亲肤时，衬衫总是那个既沉默又有力的连接，扮演低调又不可忽视的角色，衬衫的穿着早已超越了基本着装的需要。它是一门哲学，更是追求体面风度的必修课。

# 面料

府绸、牛津布、斜纹布、麻纱、马德拉斯、塔夫绸……

根据材质、织法、花色、季节、产地等，再因不同场合需求，衬衫的用料曾经五花八门，这也确保一位体面人士时刻与环境、场合高度和谐。

我们同时致敬简单实用的工业时代。今天的选择可以相对单纯，像棉和麻这样的面料已经可以满足我们的基本需求。

## 棉

一度是麻的廉价代替品，极大普及了衬衫的使用，丰富了颜色和图样。越好的越舒服，越舒服越难打理，这在棉的领域里基本是一条真理。

同样是棉的牛仔和青年布则走向另一端，耐穿、耐洗、易打理，从而成为现代都市青年的必备品。

## 麻

陪伴人类最久的服饰面料之一。

好的麻柔软而舒适。 排湿性 —— 在这一点上任何其他常见天然材质恐怕都不能与麻相比，当你出汗的时候，高质量的麻衬衫总是拒绝黏在你身上。

变形和皱褶是不可避免的，也丝毫没有必要去改善，比如在洗过的麻衬衫尚未完全干透时去熨烫（这样会好烫很多），但反正总是要皱的，就维持那样的风貌吧。

# 颜色与图案

　　大约 19 世纪 60–70 年代，西方世界如火如荼的工业革命中诞生了被称为"白领"的职员阶层。那时，白色几乎是衬衫唯一的色彩。即便一件平平无奇的浅蓝色衬衫在大街上都足以造成万众瞩目的浮夸效果。

　　直到工业化后期，棉更多地取代麻衬衫对高质量男性内衣的统治地位之后，才有了美妙的色彩和条纹，还有备受争议的格子。

　　在有了漂亮的维希格和马德拉斯之后，部分皇室绅士依然拜倒在格纹不可抗拒的魅力之下，即便如此，格纹依然显得休闲和别致——而不总是更优雅。

# 正确的尺寸

衬衫大量依赖定制的时代，现代衬衫形制建立之初，尺寸不是一件可以轻忽的事情。享有盛誉的名店往往需要预先洗涤布料，甚至做一套样衣让客人穿着一段时间再送回工坊分析尺寸的变化，才能决定何为"正确的尺寸"。

再看成衣刚刚兴起，衬衫依然"躲藏"在马甲和上衣之后，传统上的衬衫大部分围度都偏大，袖长也会偏长，方便穿着者灵活地调整。

延续到今天，一件合身的衬衫无须完全贴合人体，但要符合基本的身体曲线。

领座高度正确，领型门襟搭配合理，前身后背余量适宜，能体现修饰身材的剪裁，又不会影响日常活动，衣长、袖长也要符合一定的比例要求。

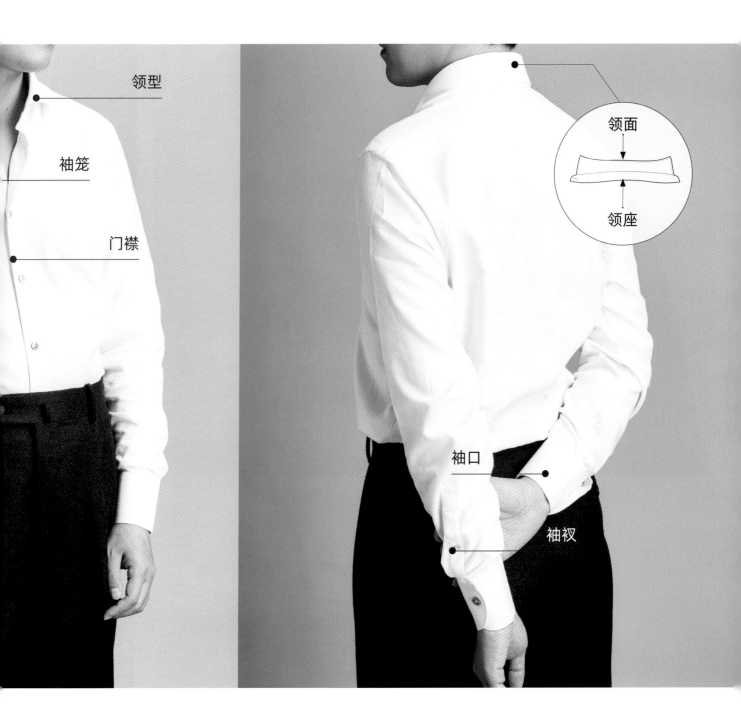

领型

袖笼

门襟

领面

领座

袖口

袖衩

## 领座

穿上一件合身的西装,衬衫领座略高于西装后领 1.5cm 左右是庄重、经典的表现。

现代时尚不断变化,高出西装后领 2cm 已成为常态。但超过这个范围,便可能添上些许戏剧性的印象。不过考虑到时尚创意和娱乐业的发展,对高领座的偏爱也慢慢变得司空见惯了。

## 袖长

关于衬衫袖长的标准，不同时代变化很大，我们可用穿着西装时应露出多少来作一比较。

20 世 纪 50 年 代 的 男 装 指 南 会 推 荐 0.6 ~ 0.7cm，也有需要根据袖口软硬和是否是礼服来做区分的，也有声称英国西装不应露出衬衫袖口的，以上都是国外专著或历史资料中可查的说法。

目前一般公认衬衫袖长露出西装 1 ~ 1.5cm 是合适的。

## 衣长

不让衬衫的下摆在日常动作中滑出裤腰，应是正装衬衫基本的礼仪，是对体面风度的最低敬意。

回溯历史，衬衫下摆曾长近膝盖。这不仅是耐用性的考虑，更是一种典雅的实用 —— 修补领子和袖口这些易损的部分，可以直接从下摆取材。

随着现代时尚的发展，衬衫也呈现越来越多的穿着方式，完全不考虑扎进裤腰的休闲衬衫也让衣长的定义变得更加多样化。

## 门襟

### 平门襟

衬衫门襟不引人注意，却是衬衫上表现礼仪与场景的重要元素。

如今最常见的是平门襟，没有特别的元素或装饰，适合各种场合。

### 明门襟

门襟有视觉效果对称的边条，可以提高门襟强度，体现休闲属性。在工装和牛仔衬衫上较为常见。不应穿着于正式场合。

### 暗门襟

隐藏纽扣，显得前襟平整干净，一般出现在礼服衬衫上，适合搭配领结或立领，也能跟一些中式元素结合。

圆角袖口

切角袖口

## 袖口

袖口的英文叫作"cuff"，因此国内也有直接翻译成"卡夫"的。

袖口是帮助衬衫袖子在日常行动中维持合理长度变化的重要组成部分。同时因为露出在西装袖口之外，衬衫袖口也担负着装饰的功能，比如法式袖就是典型例子，在礼服篇已经提及。

目前常见的袖口基本是圆角和切角两种，前者适合各种款式的衬衫，而后者一般在休闲或工装类款式上更常见。

固定袖口的有时是一个扣子，有时则是两个可以根据个人需要来扣的"调整扣"。其实，在调整扣发明之初，顾客在确定袖口松紧之后，就可以把不用的那一枚剪掉。但灵活调整可能更符合现代生活的需求，两扣的形式反而成为新的主流。

# 领型

我们听过衬衫领型和脸型必须相匹配的理论。

试图将衣着艺术科学化，来给不断更新的"时尚"背书，本身就蕴藏着矛盾。

任何一种常见的衬衫领型几乎都有其高光时代，媒体和销售们会为一种领型呐喊，称赞选择入时的每一个顾客，然后在大潮过后弃之如敝履，迎来一套新的时髦逻辑。

衣着是一种表达，它不能被缩减为数学公式或幼稚的对应关系。重要的是它与整体装扮的和谐，它赋予你的感觉，而不是它与下巴的某种神秘的几何关系。

## 八字领 (classic collar)

最经典的领型之一，领尖夹角和距离恰到好处，领带打简单的四手结就能驾驭。也是适合各种风格西装及场合的万能领型。

领片尺寸、长度和夹角没有绝对规范，因此稍微改变比例，在很多地区或不同的品牌便会有各种不同的称呼。

其实，它最重要的特征是穿着时衬衫领和西装驳领之间没有间隙，得体大方。

商务与休闲皆宜，对没有太多礼仪场景需求的人士，甚至只需八字领就能轻松应对所有日常。

## 温莎领 (windsor collar)

虽被称为温莎领，但温莎公爵早已在自传和采访中声明自己并非温莎领的首倡者。

20 世纪初，温莎公爵的祖父爱德华七世时代，这种领型就不鲜见，它的特点是领片之间夹角较大，同样没有标准规定，一般认为夹角在 120° ~ 180° 都可以称为温莎领。

领带推荐打领结较大的温莎结，展现大气风范。

## 扣领 (button down collar)

扣领起源于英国，但真正流行则在美国。一说 19 世纪末，马球运动员为了防止领尖在奔跑中扬起，便用纽扣固定领尖（根据细节不同，纽扣也可以隐藏在领子下方）。

扣领自此诞生，日常可以轻松保持领片挺立有型，其中结实耐用的牛津布扣领衬衫（Oxford Cloth Button Down）有时简称为"OCBD"，以其实用性成为美式传统着装文化和学院风穿搭的代表单品。

传统上认为领带结应该被略微顶起，与前胸线条呼应，符合修饰身材的美学。如今人们已经习惯领带垂落在胸前，不得不说是一种遗憾。

## 饰耳领 (tab collar)

饰耳领就体现了这种传统审美的要求。

它通过领片上的小带袢在领带结下面互相连接，起到支撑领带结的作用，外观复古挺立，提升领带佩戴效果。属于必须与领带搭配使用的领型。

007 系列电影《天幕杀机》中，主角就曾穿着饰耳领衬衫。

## 异色领（winchester collar）

拼白领和白袖口的异色领衬衫有时也被称为牧师领衬衫或银行家衬衫。衬衫主体可以是彩色的、条纹的、格子的或装饰其他图案，但领子和袖口几乎总是白色。

它的起源可以追溯到维多利亚时代后期，当时的男士几乎都穿着带有可拆卸白领子和白袖口的衬衫，并将不同颜色和图案的衬衫主体与之搭配，启发了异色领衬衫的诞生。

常见的白色八字领与蓝色／粉色条纹组合可以与晨礼服搭配，和稍宽条纹的蓝色／粉色／紫色衬衫搭配，也是 20 世纪 80–90 年代，电影《华尔街》带给男士们的精英时尚。

21 世纪之后不再那么流行，被视为一种较为复古的元素组合。

## 立领
## (mandarin collar 或 band collar)

立领，也称作中式领或圆领，源自东方，特别是中国的传统服饰。这种领型没有领尖，而是一个直立的小圆领，环绕颈部。

立领的设计简洁而典雅，由于其简练的线条和亦庄亦谐的特点，在现代时尚中越发受到欢迎。和其他领型相比，立领更加中性和自由，既适合正式场合也适合休闲穿着。

## 翼领 (wing collar)

极端正式场合的选择，目前正式度最高的领型。翼领一般用于与晨礼服、晚礼服（燕尾服）、塔士多礼服的搭配。翼形的领尖向外展开，犹如一对翅膀。

虽然非常容易脱开，但佩戴领结的时候，还是要将之压在翼领之上。

# 如何较为准确地
# 判断领型？

假如直接查阅公开信息，对八字领、温莎领究竟是什么形状或角度的说法颇多，也有比例稍变之后就换了一个新名字，经常让入门者感到困惑。这里给大家一个简单参考。

这张图从左至右：第一款的领片夹角明显小于 120°，领片宽度比例在穿着西装时和驳领之间不会有空隙，就可以初步判断为八字领了。其实还有夹角更小，更尖更长的所谓矛尖领，不过现在基本看不到，也不适合日常使用，就不一一辨析。

第二、第三款，领片夹角在 120°~ 180°，两个都可以叫作温莎领，而历史上温莎公爵经常穿着的接近第二款。有趣的是，英国品牌往往将第三款叫作温莎领。

第四款的领型，一般叫 cutaway collar，领子继续后斜，需要搭配大领带结，比较夸张，日常更多出现在休闲款中。在某些地区和品牌服装中，这种领型也会划入温莎领的范畴。

不难想象当年商家们恨不得将所有款式都配上"温莎公爵同款"的热情，这也是造成现在领型概念混乱的重要原因之一。

# 领型与搭配

领型与体型、脸型的搭配充斥着似是而非的概念。众多常见或罕见的领型都曾占领各自的时代，为高、矮、胖、瘦的优雅绅士们长期服务。实在要概括原则，有两点可讲：

① 领片、领带、西装驳头之间的搭配要成比例，两两之间的最宽处应该保持在 0.5cm 以内。以上三者应该与使用者的脸成比例，脸大都大，脸小都小。

② 领型需要与合适的领带结相搭配。

领带结应该稳稳地填补领片之间的夹角，所以较小的四手结配八字领正合适。夹角较大的温莎领自然要配多绕几圈的温莎结，道理就是这么简单。

至于衬衫和领带的搭配，可以继续阅读后文关于领带的章节。

# 衬衫的尺码

衬衫普遍以英寸或者厘米直接标识的"领围"来作为基本尺寸单位。

所以，要选择合适的衬衫，首先要了解自己对应的正确领围。

穿上衬衫之后，将扣子扣好，在衬衫领圈和脖子之间恰好可以不松不紧地塞进一根手指，就是适合你的领围。年轻成年男性的领围在 39 ～ 42cm 最为常见。

我们来看一张英国品牌的衬衫尺寸表：

**英国衬衫常见尺码表**（单位：cm）

| 英码（size） | 15 | 15.5 | 16 | 16.5 | 17 | 17.5 |
|---|---|---|---|---|---|---|
| 胸围（chest across underarm） | 57 | 59 | 61 | 63 | 65 | 67 |
| 腰围（waist at 5th button） | 55.5 | 57.5 | 59.5 | 61.5 | 63.5 | 65.5 |
| 袖长（sleeve length） | 87.5 | 88.5 | 89.5 | 90.5 | 91.5 | 92.5 |
| 后衣长（centre back length） | 85 | 86 | 87 | 88 | 89 | 90 |

英国常见的衬衫尺码，以领围（英寸）标注，如英码 16.5，就是领围 16.5 英寸，对应 42cm，对应在国内号型制尺码中，一般会以尺码 + 号型的形式标识为 42 180/100A。

过肩袖长

在这张尺码表中，还有一个特点，袖长（sleeve length）测量方法是从后颈经过肩头再到手腕突出骨节处再加 1cm，一般叫作"过肩袖长"。以英国为主的欧洲传统衬衫品牌多采取此测量方式。

很多日本品牌也是如此，当某些品牌同一领围有多种袖长选择的时候，过肩袖长也会表现在尺码中，比如 42/86 或 42-86 都是表示领围 42，过肩袖长 86 的意思。

| 英码（英寸） | 15 | 15.5 | 16 | 16/16.5 | 16.5 | 17 | 17.5 |
|---|---|---|---|---|---|---|---|
| 领围（cm） | 38 | 39.5 | 40.5 | 41 | 42 | 43 | 44.5 |

英码和常见领围尺寸或号型制尺码之间的转换，受各国基本身材差异或尺码体系影响，并不能做到一一对应，跳码规则也各不相同。以上表格只能算是比较常见的情况。选购时还是要先看领围，再看具体尺寸。

某些品牌还会将版型分为 slim fit、regular fit、comfort fit，去对应号型制 Y、A、B、C（从偏瘦到偏胖），但具体对应规则都因品牌和地区而异。选择的时候还是需要根据实际试穿效果来决定。尤其在选择正装衬衫的时候，领围和袖长是必须格外用心确认的。

# TIE
# 领带

领带，这看似简单的配饰，背后隐藏着一段传奇。想象一下，古罗马士兵在提比略皇帝的旗帜下，系着布围巾，以对抗寒风和甲胄对脖子的摩擦。而在遥远的东方，秦国战士也佩戴着类似的装饰，或许只是颜色和结法略有不同。

如今，当我们在城市的街头看到那些穿着西装的先生们，依然被称为"商业战士"或"产业战士"，只是领巾换了个公认的称呼——领带（tie）。

# 基本结构

领带的大头一般称为"大剑",另一头称为"小剑",
面料包裹之下内部还有支撑领带形状的"衬",这
就是领带的基本组成部分。

**常见的领带主要有三种结构：**

"七折领带"是高档领带常用的制作方式，内部没有用来支撑的衬是其重要特征。

这种领带一般用一块 70cm 见方的布料制成。这块布被细致地折叠，一次，两次……只靠单纯的面料折叠带来的相互支撑赋予领带足够的韧性和饱满的形态。

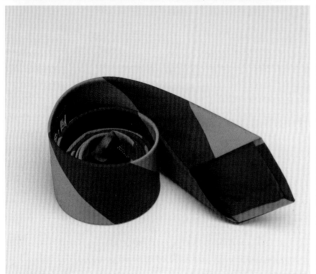

市面最常见的领带结构，为了节省原料，领带由两段或三段布料连接，简单折叠而成。形态也改由各种材质的内衬支撑，适应方便易用，花色多变的现代需求。

领带大剑不封口，呈现自然打开的结构，露出部分内部支撑领带结构的浅色衬。法国和意大利依然出品不少这样的领带，往往用于体现较为柔软随意的风格。

# 宽度

最近几十年中，领带宽度主要在 7 ~ 12cm
变化。

基本的原则是西装驳头、衬衫领片与
领带应保持基本一致的宽度。最宽处
8.5 ~ 9cm 是最好用的，打出的结也恰好
显得饱满适中。

# 长度

　　领带长度通常落在 130 ～ 150cm 之间。关于其穿戴方式，特别是大剑与小剑的长度比较，历来争议颇多。

　　在欧洲，尤其意大利，长领带打一个很小的四手结，小剑就会略长一些。其实改变打结的位置就能轻松调整，但听之任之，也许就是意大利人所说的"sprezzatura"，一种费尽心思来显得漫不经心的派头。

　　由于平均身材的差别，日本市场的领带往往会短 10cm，以便前后长度的比例符合大剑长、小剑短的一般认知。

　　其实回溯到盛行三件套的年代，领带的长度被遮掩在马甲后面，只要领带结足够得体就行。

　　如今，大家对领带的标准逐渐统一。大剑往往悬在腰线上下 1cm 的位置，在正式场合或有打领带要求的行业，小剑短是保险的选择。

　　其他情况下，小剑则可自由浮动，或长或短都可接受。视觉比例和谐，并被所在场合接受即可。

# 常见材质

### 丝织品

丝织品在领带制造中占据了主导地位。

轻薄光滑的纯丝领带需要合适的内衬来支撑，否则你会发现结的形状总是不能好好维持。

丝质领带需要悉心保养，它几乎是不能过水洗涤的，即便经过很好的干洗，也会损失一些光泽。

### 羊毛与羊绒

这两种材料在冬季搭配中颇受欢迎，和花呢西装、V领羊毛背心等极为搭配。受制于其厚度，与四手结组合比较适宜。

### 针织领带

针织领带为经典男装搭配带来了创新风格。无论是对于入门者还是经验丰富的人士，它都提供了一种表达风格的方式，并拥有亦庄亦谐的独特地位，使用得宜，便可应对大量日常所需。

# 颜色与图案

    领带的花色和不同场合的使用习惯受到历史文化的影响。例如，白色和黑色领带在法国大革命时期具有特定象征意义，几乎将贵族和革命者区分开来。如今，只有在日本的红白事上还能见到白色和黑色领带的大量使用。了解领带颜色的基本信息，可以帮助我们驾驭各种重要的正式场合。

## 斜纹领带

斜纹领带在某些地区常带有特定意义，需要谨慎选择。

· 英式军团领带：斜纹从左肩到右下。起源于英国的军团和学校社团传统，每一道斜纹、每一种颜色组合都讲述着一个团体的故事与荣耀，代表特定归属。

· 美式斜纹领带：斜纹从右肩到左下。为与英式军团领带做区分，斜纹方向与之相反。有一些组织意义，但更多的是单纯的花色组合。

---

### 密集小花纹经典商务领带

在商务环境中，领带具有重要的象征意义。其中，密集小花纹领带因其精致且低调的设计而被视为一种经典选择。这种设计通常在对比较强的底色上采用细小、均匀分布的花朵等图案。

## 波尔卡圆点领带

波尔卡圆点领带展现了规整的点状图案。设计简约而不失活泼，既可以用于正式场合，也可以用于休闲场合。

虽然规整排列的相同圆点在图案归类上都可以叫波尔卡圆点，但在经典男装领域，一般将最小的称作"针点"，然后是波尔卡圆点，更大的称为硬币波点，如果是大小不一的圆点，则会被称作水滴波点。

## 佩斯利花纹领带

佩斯利花纹源于东方，也会被叫作"腰果花"。18世纪中叶，随着欧洲对外战争和殖民，装饰佩斯利花纹的披肩被视作东方风情的代表之一。

19世纪，苏格兰的佩斯利镇开始将之量产化，让欧洲社会都认识了这来自遥远东方的纹样，佩斯利也因此得名。

它的图案据说来自于印度教的"生命之树"——菩提树叶或海枣树叶。也有人从芒果、切开的无花果、松球、草履虫结构上找到了它的影子。

## 格纹领带

格纹作为一个经久不衰的设计，常见于各种服装配饰。在领带领域，多与休闲户外服饰搭配，或表现较有戏剧性的创意审美。

## 领结

基本已经脱离大多数日常使用场景了。

在欧美还可以看到的搭配中（许多大学老教授依然对其相当青睐），黑色／蓝色／红色或同时配上波尔卡圆点的版本都算比较"常见"的款式。条纹款则可能过于学院风了。

礼服方面的运用在之前的礼服篇中已经详细提及。

绝大部分领结已经完全成品化，只是一个现成的结固定在一条可以调整松紧的带子上，方便使用者直接佩戴。

手打领结当然更为正式，由于生产较少，价格昂贵，一般质感也会更好。

其实打结方式并不复杂，稍加练习也能从容上手。

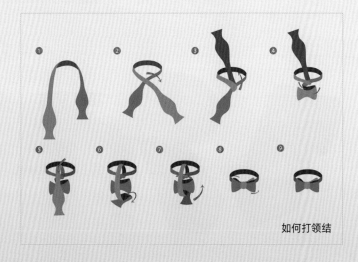

如何打领结

# 领带色彩搭配

　　领带的花色搭配非常丰富，再加上各种不同面料的质感，领带和服饰便可以组成无数种有微小差异的气质表达。

　　在此给读者一些基本的、容错率较高的颜色搭配参考。领带搭配不仅需要考虑色彩的和谐，也要考虑实际场景的应用。比如黑色和金色是非常相配的颜色组合，但黑色西装和金色领带实在是过于舞台化、戏剧化的呈现。这张表格中的基本搭配建议已经包含了这方面的考量。

| 上衣 / 套装 | 领带色系 | | | | | | |
|---|---|---|---|---|---|---|---|
| | 红 | 蓝 | 灰 | 绿 | 棕 | 金 | 天蓝 |
| 灰 | ✓ | ✓ | ✓ | ✓ | △ | △ | ✓ |
| 蓝 | ✓ | ✓ | ✓ | △ | ✓ | ✓ | ✓ |
| 绿 | × | ✓ | ✓ | △ | ✓ | ✓ | △ |
| 棕 | ✓ | △ | △ | ✓ | ✓ | ✓ | △ |
| 白 / 麻原色 | ✓ | ✓ | △ | ✓ | ✓ | ✓ | ✓ |
| 黑 | △ | ✓ | ✓ | × | × | × | × |

| | |
|---|---|
| ✓ | 高容错搭配 |
| △ | 可尝试搭配 |
| × | 不建议搭配 |

　　除此之外，还有什么选择领带的建议？

　　可能细心的朋友会注意到，好一些的成衣品牌，除了会为西装配备用扣子之外，也会放一小块面料，这不只是小修小补的考虑，也是给讲究的绅士，作为逛街购买配件时比较搭配的依据。根据实际颜色和质感去比较，与我们积累的感性认识一道去构筑具体的图景，一定会帮助你做出最合适的选择。

# 打领带：结的艺术

英王乔治四世时期的"花花公子"布鲁梅尔被誉为现代男装的奠基人，他对所有细节的讲究都成为现代着装原则的重要源头。

当时的诗歌形容他对领带的重视：

**我的领带当然需我精心照料**

**因为那是我们高雅衣着的标号**

**每天早晨我得为它长久忙碌**

**为了使它看似像匆匆系好**

其实打领带的要点只有一句话：选择恰当的结，去填补衬衫领片之间的空隙。

假如穷举领带的打法，可能不下几十种，但现代日常生活中，掌握两种便已足够应付各种领型。

精巧的四手结适合领片之间夹角较小的八字领或长尖领等；多绕几圈、体积较大的温莎结就用来搭配领片之间夹角较大的温莎领，等等。

其他常见打法做一了解即可。

# FOUR-IN-HAND KNOT
## 四手结

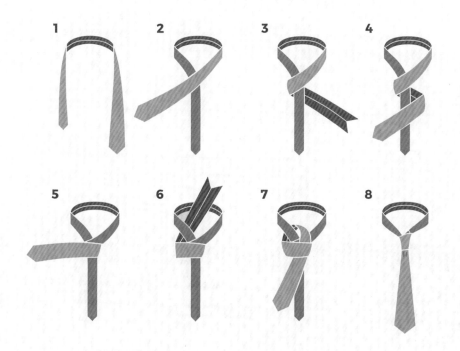

# WINDSOR KNOT
## 温莎结

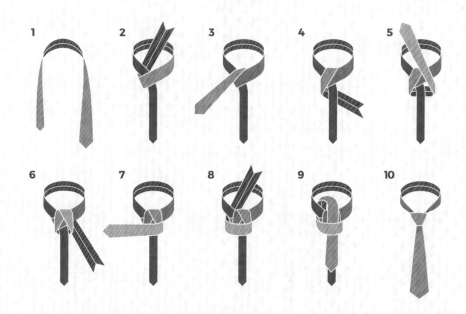

# HALF-WINDSOR KNOT
## 半温莎结

# PRINCE ALBERT KNOT
## 阿尔伯特王子结

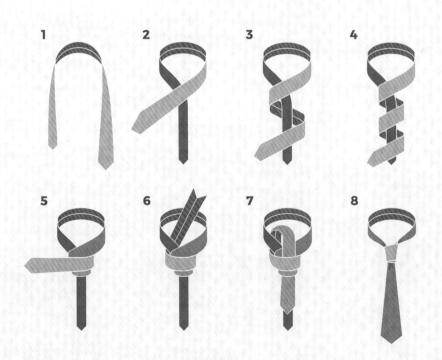

# KELVIN KNOT

## 开尔文结

# ORIENTAL KNOT

## 东方结

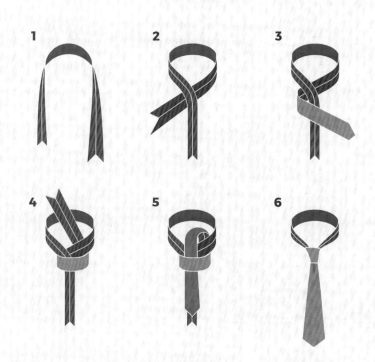

# 领带的"窝"（dimple）

这个微妙凹陷的"窝"扮演着领带结之美的关键角色，它赋予系紧的领带游刃有余的流畅感。

实际上，打出一个理想的"窝"非常简单：拉紧前稍微停顿，然后从两侧轻轻挤出皱褶，再拉紧固定即可。

## 领带夹

打好领带之后，领带夹则可以用来略微调整领带的位置和角度。需要注意的是，领带夹正确的用法是将领带和衬衫固定在一起，这样才能起到确保相对位置稳定的作用。

## 领带的保养

考虑到领带的脆弱性，其保养显得尤为重要。

每次取下领带的时候，避免粗鲁地拉扯，确保按打领带的逆序步骤轻柔解开。

挂到领带架上之前，对折，大剑向外，由内向外卷成一卷放置一晚，更有利于领带本身的恢复。

如不慎弄脏领带，首先用清水冲洗，避免摩擦，再及时送去专业干洗即可。

# FOOTWEAR
# 鞋履

最早可以追溯到 16 世纪，出于交通方式和日常环境的特殊性，靴子在男性鞋履中占据了重要地位。骑马的需求和多变的城市路面状况使得靴子成为实用的选择。然而，随着城市化加速，特别是在 20 世纪 20 年代后期巴黎都市改造的完成，现代城市生活有了新的范式：

宽敞的街道，较平整的路面，繁荣的市中心。

轻便的低帮鞋成了主流，传统手工艺和现代机械设备的碰撞也将绅士鞋履推上了新高峰。以耐用的小牛皮、舒适的小羊皮等天然材质制作，辅以透气真皮鞋底的现代绅士鞋履在这一时期确立了流行至今的款式、形制与结构，其中绝大部分历经考验，至今依然被世人所珍视。

# 绅士鞋履的基本元素

① 外包头　② 缝线和布洛克装饰　③ 前帮　④ 鞋耳　⑤ 鞋带孔（鞋眼）　⑥ 鞋舌　⑦ 后帮

⑧ 后包跟　⑨ 领口（也称鞋口、口门）　⑩ 内里　⑪ 外底

⑫ 鞋跟（与地面接触的部分是外跟片与橡胶跟片）

# 绅士鞋履的基本结构

消费者可以买到的绅士鞋，基本遵循 3 种结构，拥有各自的特色和优缺点，适应各种不同的场景。

胶粘工艺适用于大规模生产和低成本鞋履；内缝线工艺用于高档和精致鞋履，兼顾品质与泛用性；固特异工艺则以其耐用性和舒适度著称，常用于制造高品质的正装鞋和经典户外鞋。

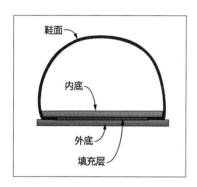

## 胶粘

是一种通过特殊胶水将鞋面和鞋底粘合在一起的方法。这种工艺在 20 世纪中叶随着合成胶的发展而兴起，逐渐成为鞋履生产的主流工艺之一。

胶粘工艺相对简单，生产效率高，成本较低。灵活性好，可以用于各种材料和款式的鞋履。

只是鞋履可能会因胶水老化而导致鞋底脱落，耐用性略逊一筹。

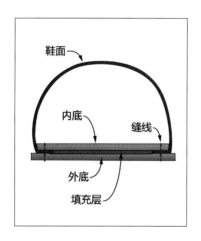

## 内缝线

是一种将鞋面、内底和外底紧密缝合在一起的工艺。通过专用缝合设备，鞋面被缝合到鞋底上，形成紧密的结构。这种工艺使鞋履更加灵活和舒适。

内缝线设备由美国人布雷克（Lyman Reed Blake）发明，他在 1856 年发明了能够快速缝合鞋面和鞋底的机器，并在 1858 年获得了专利。这一发明大大提高了鞋履的生产效率，并推动了其工业化进程。

内缝线工艺使鞋子外观更加整洁和精致。鞋履结构紧密，耐用性较好。内缝线工艺需要精确地操作，且鞋履一旦损坏，修复起来较为困难。

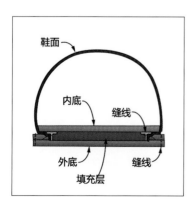

## 固特异

由美国人固特异（Charles Goodyear Jr.）发明，他在 1869 年获得了这项专利。这种工艺通过固特异设备将沿条（welt）和鞋面、鞋底、中底连接在一起，代替了原先传统的手缝操作，并对工艺细节进行了一些适合工业化生产的调整。

固特异工艺的鞋履结构稳固、耐磨损、使用寿命长，可以多次修复和更换鞋底。填充层的软木与皮革相结合，让鞋履更加透气和舒适，长期穿着会慢慢适应使用者的行走习惯。

# 基本款式

## 牛津鞋（oxfords）

　　牛津鞋的显著特征在于其闭合式的鞋耳系带结构，与开放式的德比鞋截然不同。

　　有关牛津鞋的起源，学界普遍认为其源自苏格兰和爱尔兰，后由牛津大学的学生发扬光大，从而得名"牛津"（oxfords）。

　　"oxford"又在一些情况下泛指系带的正装鞋款式，尤其在一些知名的美国工装鞋品牌中，一些德比鞋款也可能被标识为"oxford"。

"三接头"牛津　　整皮牛津

　　俗称"三接头"的虽然是牛津最经典的款式，但鞋带闭合方式才是判断鞋款的关键。只要是闭合式的系带结构，比如没有装饰或分段的"整皮牛津"等，也是牛津鞋的常见款式。

## 布洛克 （brogue）

　　布洛克并非指特定鞋款，而是一种于鞋履上穿孔形成图案的工艺技法。其图案既可以是简约的点缀，也可以是繁复的花纹。穿孔的尺寸、外形和排列方式颇具多样性。

　　基于穿孔的复杂性和图案排列，布洛克工艺分化出如全布洛克、半布洛克等不同的规格（与打孔的位置和范围有关），从而适用于多样的场合和穿着风格。

　　采用布洛克工艺的鞋履就可被称为"布洛克 xx 鞋"，比如布洛克牛津鞋……

　　"布洛克"（brogue）一词源自盖尔语，与爱尔兰及苏格兰的历史和文化有着深刻联系。虽然在早期文献中并未有确凿记载，但一种普遍认可的说法称，穿孔设计的初衷是为了在湿润的气候条件下加速鞋面干燥。

　　布洛克鞋最初被认为是户外鞋，不适合室内休闲或商务场合。然而，随着时代改变和布洛克工艺的广泛使用，如今人们普遍接受布洛克鞋，尤其是皮料细腻、元素简单的深色经典款式，可用于大多数日常场合。

## 香槟鞋（spectator shoes）

香槟鞋，最常见的是牛津鞋款式，往往以布洛克工艺进行装饰，并由两种不同色彩的皮革或其他材料拼接而成。其设计特点为深色的鞋头和鞋跟搭配浅色鞋身。

英国知名鞋商约翰·罗布（John Lobb）声称在 1868 年为板球运动设计了第一双香槟鞋。香槟鞋的广泛流行则要等到 20 世纪 20—30 年代。

关于"香槟鞋"一词的中文来源，有观点认为它可能源于沪语"镶拼鞋"的谐音。香槟鞋流行的年代与上海的 20 世纪初高速发展时期吻合，当时上海的时尚潮流与世界步调基本一致。

香槟鞋被视为夏季与白色长裤相搭配的理想选择，也曾被作为帮派着装的一部分。现在，香槟鞋凭借其显著的造型感，被视为复古风格鞋履的重要代表之一。

## 德比鞋 （derby）

德比鞋的独特之处在于其鞋耳开放式的系带结构，与闭合式鞋带结构的牛津鞋构成了显著的对比。这一开放式构造赋予德比鞋更为灵活的调整空间，从而增强了穿着的便利性和舒适度。

历史上，德比鞋可以追溯到 19 世纪中叶在乡村和狩猎活动中的流行。到了 20 世纪初，这一款式渐渐融入城市场景，成为正式鞋款的常见选择之一。

在美国的某些地区或品牌中，可能将"blucher"（可以特指鞋头没有拼接的德比款式，得名于 19 世纪普鲁士将军布吕歇尔）直接作为德比鞋的代称。

从传统的穿着礼仪角度来看，德比鞋的正式程度曾被视为略逊于牛津鞋。然而，随着时尚观念的变迁和多样化的搭配实践，两者之间的正式度差异已非常模糊。

元素简单的光面皮款式可用于各种正式场合，绒面革也很适合日常休闲和骑行活动。

## 僧侣鞋 (monk shoes)

僧侣鞋是一种无鞋带的正装鞋，一般通过一个至两个带扣固定鞋面。

它的得名与中世纪僧侣所穿的带扣凉鞋有关。

有一则广为流传的都市传说里面提到，一位英国绅士在访问瑞士阿尔卑斯山的某修道院时，发现这一设计并将其引入伦敦。

在现代鞋履设计领域，僧侣鞋通常被归功于英国鞋匠爱德华·格林（Edward Green），据称他在 19 世纪末首次完善了现代僧侣鞋的基本款式。

僧侣鞋在正式程度上或许稍逊于无装饰的黑色牛津鞋，除此之外，它毫无疑问是正式度最高的经典鞋款之一。

## 切尔西靴 （chelsea boots）

切尔西靴设计紧贴脚踝，鞋身两侧有松紧带使靴子易于穿脱。通常，靴子的后部设有一个环形拉手，为穿着提供便利。

这款靴子的设计可追溯至维多利亚女王的鞋匠约瑟夫·斯帕克斯·霍尔，他在 19 世纪 30 年代为女王制造了这一靴型，并通过广告将其宣传为"弹性踝靴"。易穿脱的特质促使其在当时迅速获得普及。

而"切尔西靴"的名称直到 20 世纪 50 年代才确立。

这一时期，伦敦的年轻艺术家、导演和社会活动家常在伦敦切尔西区的国王路活动，被媒体称为"切尔西集团"（Chelsea Set），切尔西靴在这里作为一种流行文化的标志被大众熟悉。

随着 20 世纪 60—70 年代摇滚乐队（如甲壳虫乐队等）的推动，切尔西靴与时尚潮流更加紧密相连，成为太空与摇滚时代的显著标志之一。这一时期的流行使切尔西靴不仅作为实用鞋履存在，更成为一种文化象征和时尚风格的代表。

## 马球靴 （chukka boots）

马球靴是一种及踝皮靴，其鞋面通常是麂皮或牛皮，鞋底由皮革或橡胶制成，具有开放式鞋带设计，两到三对鞋带孔。

"chukka"这一名称源于马球比赛的基本时间单位"一节"，印地语中"chukkar"一词意为"圆圈"或"转弯"。印度对这个词的使用带有"漫步"的含义，可能暗示了马球靴是赛后或比赛间歇时放松穿着的鞋款。

据美国的一些历史记录，1924 年，温莎公爵可能是首位让这款鞋引起大众关注的人。

"二战"时期，由于沙漠地区作战的需求，胶底和沙色绒面的版本被大量生产，后来被称为沙漠靴。

1949 年，芝加哥鞋展上，沙漠靴受到 *Esquire* 杂志报道，从而迅速赢得人气。马龙·白兰度、史蒂夫·麦昆等时尚界的宠儿将其推向了更广泛的公众视野，使其成为日常搭配的经典鞋款。

## 便士乐福鞋 （penny loafer）

乐福鞋（ loafer shoes ）的早期设计源于多种说法，然而，其受到北美易洛魁人莫卡辛鞋的启发是公认的事实。

在 20 世纪初期，英国和挪威的鞋匠自称是乐福鞋的发明者，不管真实情况如何，这种便于穿着的鞋款迅速获得了普及。最初，乐福鞋主要用作夏季家居室内鞋，与拖鞋类似。然而在美国，乐福鞋很快拓展至各种休闲和正式场合。

关于"便士乐福鞋"这一名称的来源，有一种流行观点认为，它与鞋面的镂空装饰可容纳一便士硬币，以便紧急时使用公用电话有关。然而，美国的公用电话从未接受便士硬币，这一装饰可能只是 20 世纪 50 年代常春藤盟校学生间的一种时尚宣言。

便士乐福鞋如今已成为常春藤风格（Ivy Look）的代表之一，常与设得兰毛衣、无褶卡其裤和粗花呢运动外套搭配。这一搭配在东海岸常春藤盟校学生中流行，并通过杂志媒体的宣传而受到更广泛的追捧。

尽管便士乐福鞋与常春藤风格紧密相连，但它同样凸显了现代生活倡导的休闲、实用的穿着理念，使得便士乐福鞋一直受到年轻群体的欢迎。作为名校的标准日常鞋和美国的商务休闲鞋为人熟知。不过在欧洲大陆，乐福鞋并未像在美国或远东地区那样广泛延伸至正式场合。

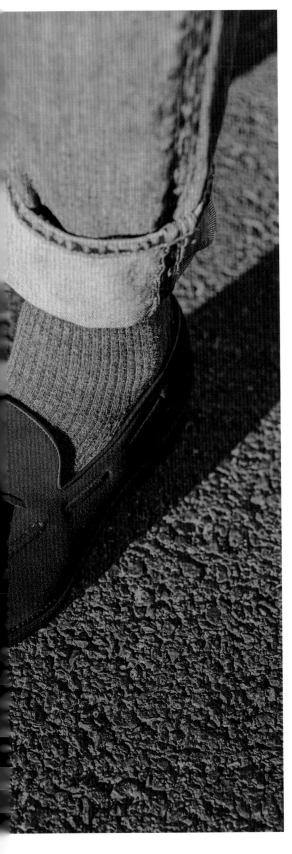

## 带穗乐福鞋 （tassel loafer）

知名美式鞋履品牌 Alden，据称在"二战"后应演员保罗·卢卡斯的请求制作了这一特定鞋款。

随着卢卡斯等好莱坞人士的穿着和推广，这款鞋在社会上产生了足够的影响力，1952 年首次量产。1957 年，成衣品牌布克兄弟将其纳入商品线，从而初步确立了带穗乐福鞋（也会被叫作流苏乐福鞋）作为乡村俱乐部套装鞋的形象。

在华盛顿政治圈中，带穗乐福鞋不仅描述了一种鞋履款式，更常与"律师"相联系，甚至演变成一种特定文化标签。常用来形容那些受高等教育、脱离生活现实的精英阶层。

历史和文化的演变，也使得这一休闲鞋款逐渐成为乐福鞋中正式度较高的款式；在中国，由于其显眼的装饰，反而被认为是更休闲和戏剧化的款式，尚未得到正式场合的认可。

## 马衔扣乐福鞋 （horsebit loafer）

马衔扣乐福鞋的诞生融合了马术文化与现代鞋履设计，1953年，意大利奢侈品牌古驰（Gucci）创造性地将马衔扣与乐福鞋款结合，诞生了马衔扣乐福鞋。这一设计引领了战后时代新兴鞋履风潮，反映了时尚界对传统继承与创新的追求。

马衔扣乐福鞋不仅延续了乐福鞋的舒适特性，更在其基础上赋予了正装鞋的优雅。它成功地在休闲与商务之间架起一座桥梁，模糊了两者的界限，展现了一种精致灵活的着装理念。

在美国和远东等地区，马衔扣乐福鞋的设计得到了广泛的认可和应用。通过细微的颜色和配置调整，这款鞋子能够适应从户外派对到正式礼服等各种场合，展示了其多样性和适用性。

## 比利时乐福鞋 （belgian loafer）

比利时，这个欧洲低地国家，有着令人瞩目的文化传承。许多历史悠久的修道院以其啤酒酿造和养蜂业而驰名，还有一些则将注意力集中在制鞋艺术上。

长达 3 个世纪的手工制鞋传统最终引起了纽约零售商的兴趣。僧侣们制作的这些简约的拖鞋式鞋履，以其柔软的触感和精致的外观脱颖而出。

1956 年，美国零售商在纽约市中心开设了专门销售比利时乐福鞋的商店。这一鞋款所展现的简约风格适应了不断变化的时尚趋势，它的经久不衰在很大程度上归因于鞋面的柔软质感和装饰小皮条、蝴蝶结的古典设计。

20 世纪 60 年代，比利时乐福鞋深受从麦迪逊大道到棕榈滩的富裕阶层喜爱，因为它们完美地符合了当时人们对舒适和优雅的追求。而后的半个世纪，随着风格变迁，这款鞋渐渐淡出了主流视野，不温不火地存在着。

2010 年前后，意大利一些老牌男装展会上，人们重新发现了比利时乐福鞋与现代生活切合的舒适与优雅，时尚界再次关注到了这一鞋款的魅力。

## 运动休闲鞋履

此类运动休闲鞋履在 20 世纪前期已在市场上推出或呈现了初步形态，与现代西装成熟时期相吻合。其鞋型精致、头翘部分较低，成为运动休闲鞋款中与西装搭配最为合适的类型。

现在很多品牌也对这一经典思路进行了各种形式的拓展和重新设计，用高质量的材质和更具功能性的设计思路使其在现代生活中更加百搭易用。

## 帆布鞋、德训鞋等运动休闲鞋履

### 帆布鞋

帆布鞋作为一种通俗分类，并不是非常精确的品类名称。

以匡威（Converse）All Star 鞋款为例，最初实际上是为篮球运动所设计，只是当时主要由帆布鞋面和橡胶鞋底组成。大众普遍倾向于将此类鞋统称为帆布鞋，视其为一种休闲运动鞋款。

### 德训鞋

德训鞋是可以搭配西装的休闲鞋款之一，全称德国陆军训练鞋（German Army Trainer，GAT），其设计灵感可追溯至 20 世纪 30 年代奥运冠军杰西·欧文斯所穿着的达斯勒田径鞋。20 世纪 70—80 年代，由于军队订单的需求，这一款鞋履得到了重新设计和大量生产。时至 20 世纪 90 年代，一些设计师品牌的再诠释，使其流行起来。

# 常见鞋履材质

## 小牛皮

小牛皮（calfskin）作为皮鞋的原料，在制鞋工业中享有盛誉。

小牛皮源自年幼的牛，皮肤纤维致密，纹理细腻，伤口较少。这使得小牛皮具有一种视觉上的均匀感和触感上的柔软度，是制作高档皮鞋的理想选择。

小牛皮经过处理后软硬适中，具有出色的耐磨性能。致密结构为其提供了良好的弹性和韧性，使鞋履在长期穿着中依然保持原有的外观。

小牛皮具有良好的透气性，这一点对于皮鞋的舒适度至关重要。透气性能优异有助于调节鞋内的湿度和温度，为穿着者提供更加舒适的体验。

小牛皮的表面光滑，不容易吸附污渍，清洁和保养相对容易。这种特性使得小牛皮鞋能够更容易保持稳定的外观。

小牛皮的柔韧性使其能够适应各种鞋型和款式的制造。无论是正装皮鞋还是休闲皮鞋，小牛皮都可以通过不同的处理和染色工艺展现出丰富的视觉效果。

## 绒面革

绒面革是通过对皮革原料进行特殊处理得到的一种皮料，具有柔软、细腻、有起绒质感的特点。这种材料包括正绒面革和反绒面革，分别采用皮料表层（粒面）和皮料内层（肉面）进行加工。

需要澄清的是"麂皮"这一概念。"麂"原本指的是麂子，一种类似鹿的动物，其皮革经加工后呈现细腻起绒的表面质感。如今，该词广泛用于描述具有类似质感的材料，不仅限于皮革。

在制鞋领域，术语"suede"指的是反绒面革，由动物皮肤内层加工而成，一般来自牛、羊等动物。其表面纹理柔软且多纤维，给人一种温暖奢华的感觉。由于取自皮肤内层，其强度相对较低，但在制作便利易穿和表达特定风格的鞋履时却占据着不可替代的位置。

正绒面革的代表之一是牛巴戈（nubuck），它由动物皮肤的表层经过处理制成，通常选用小牛皮。牛巴戈的表面纹理略微粗糙，但仍然柔软，呈现出细腻的天然外观。相对于反绒面革，牛巴戈的强度和耐磨性更好一些，其清洁和保养也相对容易一点。牛巴戈不仅适用于运动休闲鞋款（比如 Timberland 的"大黄靴"），也可用于更为正式的款式。

## 马臀皮

马臀皮（cordovan），词汇 "cordovan" 的词源确实较为复杂。这一名称源自西班牙的城市科尔多瓦，最初指羊皮，但后来逐渐演变为指代所有高品质皮革。这一词汇随后传入法国，变形为 "cordonnier"，然后才流传到英国，成为 "cordovan"。在乔叟的《坎特伯雷故事集》中，描写了一位贵族穿着一双价值不菲的马臀皮鞋，标志着这一词汇在英语中的传承。19 世纪，马臀皮常被用以制作磨剃须刀的长皮条，20 世纪逐步调整鞣制工艺用于制鞋业，"cordovan" 也在这 100 年中逐渐固定为特指马臀皮。

马臀皮以其精致平滑的纹理和微妙的光泽闻名，这些特性赋予了皮革一种精致优雅的外观。然而，也正因为这些特性，马臀皮在初次穿着时可能会显得非常硬，特别是鞋型与脚型不匹配的情况下，可能会导致不良的穿着体验。此外，马臀皮的外观虽华丽，但相对敏感，需要更精细的护理和维护来维持其美观。

在 20 世纪两次世界大战期间，物资匮乏导致了常见的皮革材料如牛皮的供应不足。在这一背景下，马皮和马臀皮成为服饰和鞋履的重要补充材料。这一时期的特殊历史环境有助于拓宽马臀皮的受众基础，在战后得以在市场上稳定地立足。

## 鹿皮

鹿皮（deerskin）因其独特的柔软和弹性而广受赞誉。温和的光泽和特有的颗粒状外观共同赋予其独有的魅力特质。

此外，鹿皮出色的透气性，使乐福鞋成为在炎热或潮湿条件下的理想选择。同时，要避免直接浸湿或靠近热源的情况，因为这可能导致皮革的干燥和硬化。

值得注意的是，鹿皮作为一种柔软的皮革，易受刮伤和磨损的影响，不适合复杂的户外场景。这一物理特性使其在稳定的城市环境中成为舒适日常鞋履的理想伙伴。

鹿皮常用于制作乐福鞋，与比利时乐福鞋的结合可以说是鞋履中一种代表性的卓越搭配。

# 尺码对照

鞋码虽然都是以脚长为基准，但各国又根据本地脚型和传统采取不同的度量尺码和标识习惯，往往会给入门的朋友带来选购的困难，先附上比较主流的几种尺码对照，供大家参考。

| 中国尺码 (CN) | 英国尺码 (UK) | 美国尺码 (US) | 日本尺码 (JP) |
| --- | --- | --- | --- |
| 38 | 4 | 5 | 23 |
| 39 | 5 | 6 | 24 |
| 40 | 6 | 7 | 25 |
| 41 | 7 | 8 | 26 |
| 42 | 8 | 9 | 27 |
| 43 | 9 | 10 | 28 |
| 44 | 10 | 11 | 29 |
| 45 | 11 | 12 | 30 |

除了长度之外，各国还习惯以字母或数字标识鞋子的宽度以适合更多不同需求的顾客，只是不同地区和品牌的宽度标识差异极大，基本无法互相对照。但宽度越宽，字母越靠后或数字越大的基本规律是一致的。遇见需要选择宽度的场合，实际试过实物是非常重要的。

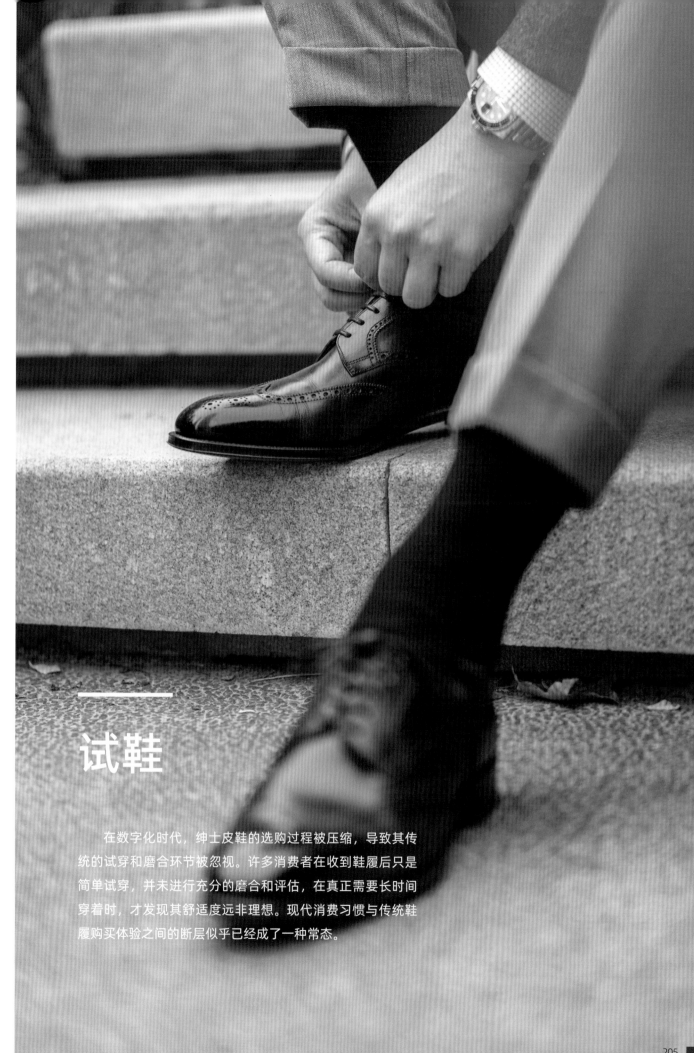

# 试鞋

在数字化时代，绅士皮鞋的选购过程被压缩，导致其传统的试穿和磨合环节被忽视。许多消费者在收到鞋履后只是简单试穿，并未进行充分的磨合和评估，在真正需要长时间穿着时，才发现其舒适度远非理想。现代消费习惯与传统鞋履购买体验之间的断层似乎已经成了一种常态。

# TRY ON SHOES

## 试鞋的准备工作

人们的脚在下午会比上午膨胀一些，在此时进行试鞋更能反映出鞋履的实际舒适程度。

试鞋时，顾客应根据鞋履的预期用途和搭配，穿上合适的高品质绅士袜或运动袜，以确保尺码的准确性。

## 合脚的状态

合脚的标准与个人脚型、鞋履品牌楦型的契合度以及穿着习惯密切相关。理想状态是鞋履紧密贴合，但不产生明显不适或仅有极小不适。

脚背未受到明显压力，确保鞋履上部不会对足部产生过度挤压。鞋履两侧，特别是大小拇指区域，没有受压变形的情况，从而允许脚趾在小范围内活动。

当自然下踩时，鞋子入脚的口门位置应基本贴合。如略有豁开，范围一般需限制在半指之内，即不能塞进一根食指的程度。

在商家提供的试鞋垫或地毯上行走时，鞋履不应出现脱跟、掉跟或严重压迫脚背的现象。

## 磨合

在早期，由于皮革处理工艺的影响鞋履较为坚硬，需要一个磨合过程让鞋子穿起来更加舒适。

现今，一双基本合适的皮鞋，大致经过穿一（天）休一（天）、穿着数次之后，便能贴合舒适。若长期穿着仍感不适，大概率是鞋履楦型或尺码与脚型并不匹配。

总体上，英国和法国的鞋履对脚背高度可能有一些挑战，试鞋时需特别注意。

## 足弓支撑

足弓支撑是区分普通产品与优秀绅士鞋的重要标准。足弓对行走的耐久和舒适度起着关键作用。

当今市场上充斥着大量仅追求外形和舒适的低质量鞋履，导致了足弓下塌等问题的增多。

而优质的皮鞋，在过去的 100 年间，历经了历史和环境的复杂考验，与人们的日常生活紧密相连，从不忽视为脚部提供必要的支撑。下脚时足弓是否得到了恰当支持，在选择高价绅士鞋时应尤其注意。

# 鞋履护理

基本的鞋履维护包括正确地穿着、存放和日常护理。

选择合适的鞋型和鞋码是保障鞋和脚都健康的基本条件。

除此之外，皮鞋的清洁和护理也是延续一双高质量皮鞋的重要工作，也是属于男士的一份生活乐趣。皮鞋由皮革制成，定期清洁和护理它们，能防止灰尘、污渍、水分和细菌的侵蚀。你可以用软毛刷或干布轻轻刷去鞋面的灰尘，还可以用专用的皮鞋清洁剂和护理油来清洁和滋润鞋面，让皮鞋保持光泽和柔软。

妥善存放你的皮鞋。不穿的时候，要妥善存放它们，以防止皮鞋变形、发霉或受损。可以用木质鞋撑、雪梨纸或报纸等具备吸湿性的材质填充鞋内，保持鞋子被很好地支撑，然后用鞋套或纸包裹鞋子，防止灰尘和潮气。存放皮鞋的地方要通风干燥，避免阳光直射，避免高温或低温、挤压或摩擦。

# 光面皮基础护理（清洁 + 鞋油）

**首先是准备工作：** 拆开鞋带，让鞋耳恢复自然状态；放入木质鞋撑，定型，帮助皮鞋吸收穿着一天积累的湿气。

**接着清理积灰和容易去除的污物，** 用鞋刷小心清理鞋舌、鞋底与鞋面交界处、布洛克打孔处等容易积累灰尘的位置。

使用鞋刷时，将毛刷的末端，利用回弹的惯性将皮料表面、条缝清理干净。

这一步一般推荐使用马毛鞋刷。

**完成基本清洁之后，** 再处理一些细小穿着痕迹。

使用砂纸，将鞋底侧面、鞋跟上的摩擦痕迹打磨抚平；一般日常护理往往忽略鞋底侧面，结果在闪亮的鞋面映衬下，粗糙的鞋底边缘反而显得更加邋遢了。

由于鞋履材质和每个人的力度不同，推荐细度 120~180 目的砂纸，使用砂纸时请折叠成小块操作，以免不慎伤及皮面。

**之后进入清洁去污流程，** 使用干净的棉布，或将淘汰的白 T 恤剪成布条使用，浸湿后彻底拧干，保持一个微湿状态清洁鞋面，擦去鞋面上的污渍和残留鞋油。下手使力均匀，以防局部过度清洁。

**清洁去污完成，待鞋面干燥之后，就可以使用鞋油给予皮料滋润，**使其保持光泽感，避免皮料太干而弯折断裂。鞋油同时也会增加皮料的柔软度。

从鞋跟开始往鞋头少量抹开，做到鞋面被鞋油覆盖，视觉呈现出薄薄一层的质感。

**最后使用相对较硬的猪毛刷将鞋油抛开。**倘若鞋油太多，可以适当点几滴水珠，可以帮助鞋油抛开，直至皮鞋表面呈现油润光泽的状态。

日常保养可以使鞋子维持良好的状态，显著延长使用寿命。一周穿着两三次，都市通勤的主要鞋履建议每月保养一次。

同一双鞋，穿一天休息一到两天，是比较推荐的穿着频率。

END

## 绒面皮基础护理

拆鞋带、放鞋撑等基本准备工作和光面皮鞋一致。

使用马毛刷将鞋面和各缝隙的灰尘刷掉；接着使用黄铜绒皮刷，将牛绒刷起绒。这是非常重要的一步，要将牛绒刷起绒，需要运用绒皮刷的特性将牛绒带起来，非直线刷，而是上下甩勾。

刷起绒之后，日常清洁可使用专用的橡胶／生胶清洁工具。有咖啡、红酒、油污的部分，可使用双面橡胶擦清除。

去污后表面如有泛白褪色情况，可使用补色剂进行修补，由于绒面不能使用鞋油，
因此要使用相似颜色的补色喷雾。 担心效果不理想的，可求助附近的鞋履清洁、
保养店来补色。

干燥一段时间，确认颜色定型后，再用猪毛鞋刷均匀整理绒面使其保持方向一致即可。

为了体现出绒面保养的效果，左边一只未经保养，右边已经保养完成。柔顺的绒面
和均匀的颜色质感让穿着许久的鞋子焕然一新。

## 皮鞋如何打出光可鉴人的镜面？

打镜面是提升鞋子外观的重要手段，也是一种保护鞋头和后跟，对抗一些日常小刮擦的保养技巧。

在一些礼仪要求高的组织或场合，将黑色鞋子打出闪亮的镜面也是对仪容仪表的默认要求。

基本准备工作同前文，放好鞋撑，确保鞋履干净清洁。

抹蜡，在鞋头和后包的部位用手指涂上鞋蜡，填补皮料表面微小毛孔。

建议使用手指抹鞋蜡，手指可以更好感知皮料上的毛孔是否填补上并且有效减少蜡沾在布上 —— 这也是快速提高打镜面效果的诀窍之一。

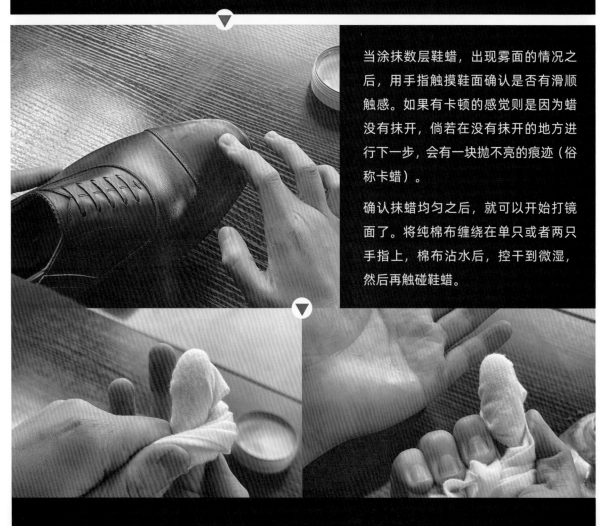

当涂抹数层鞋蜡，出现雾面的情况之后，用手指触摸鞋面确认是否有滑顺触感。如果有卡顿的感觉则是因为蜡没有抹开，倘若在没有抹开的地方进行下一步，会有一块抛不亮的痕迹（俗称卡蜡）。

确认抹蜡均匀之后，就可以开始打镜面了。将纯棉布缠绕在单只或者两只手指上，棉布沾水后，控干到微湿，然后再触碰鞋蜡。

判断微湿：用缠绕好的棉布拍击掌心，只留下微小水渍。

在此基础上，在皮料表面画圈，将抹在皮料的雾面鞋蜡抛开直至镜面。

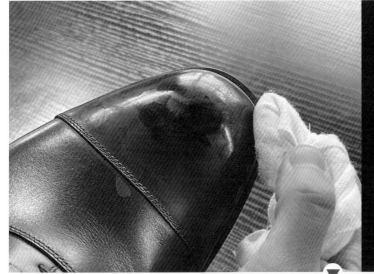

建议新手从后包跟开始，就算失败可以马上抹蜡补救。

打蜡过程使用的力度很小，太用力会把皮料表面的涂层打秃，露出底层。

在许多国家的军警队伍中，新兵给老兵擦鞋、打镜面依然是一种传统。英国名校中也不时为新生开设包括打镜面在内的绅士鞋履保养讲座、小课程。文化体验之余，低头看着镜面般闪亮的鞋面映照出天空，真的会让人会心一笑。

# SOCKS
# 袜子

袜子一直是被忽略的一个品类，可能因为不管多好多差的袜子，总逃不过消耗品的定位。其实，一双好袜子，能改变你穿着西装的根本体验。

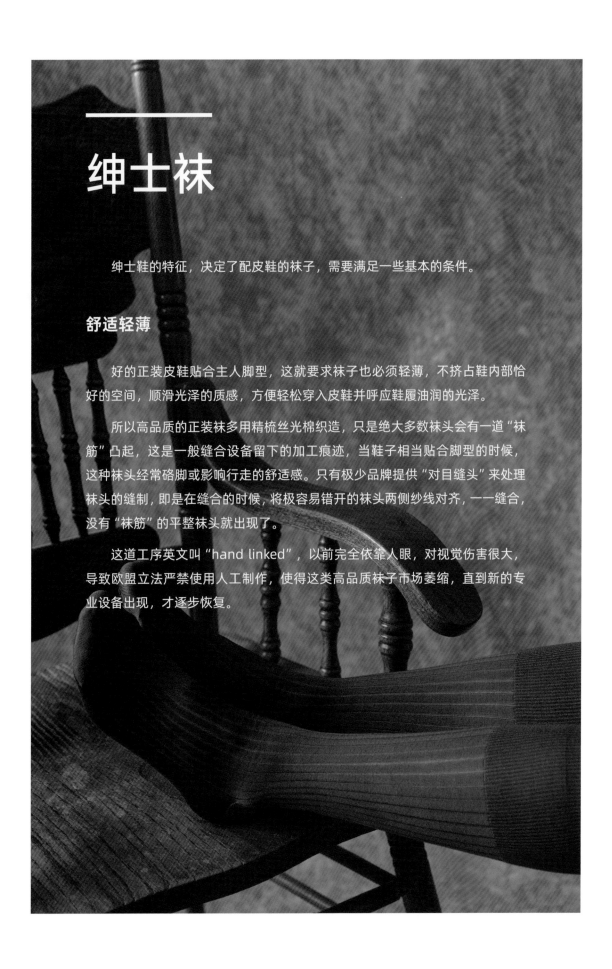

# 绅士袜

绅士鞋的特征，决定了配皮鞋的袜子，需要满足一些基本的条件。

## 舒适轻薄

好的正装皮鞋贴合主人脚型，这就要求袜子也必须轻薄，不挤占鞋内部恰好的空间，顺滑光泽的质感，方便轻松穿入皮鞋并呼应鞋履油润的光泽。

所以高品质的正装袜多用精梳丝光棉织造，只是绝大多数袜头会有一道"袜筋"凸起，这是一般缝合设备留下的加工痕迹，当鞋子相当贴合脚型的时候，这种袜头经常硌脚或影响行走的舒适感。只有极少品牌提供"对目缝头"来处理袜头的缝制，即是在缝合的时候，将极容易错开的袜头两侧纱线对齐，一一缝合，没有"袜筋"的平整袜头就出现了。

这道工序英文叫"hand linked"，以前完全依靠人眼，对视觉伤害很大，导致欧盟立法严禁使用人工制作，使得这类高品质袜子市场萎缩，直到新的专业设备出现，才逐步恢复。

## 合脚不跑位

袜子滑落后再提起，后跟就被扯到了脚踝，这是很多朋友都遇到过的尴尬时刻。

现在很多袜子采用 2 码甚至 3 码一跳（即袜子一个尺码包容度达到 2 ~ 3 个脚码），完全靠材质弹性来包住足部，袜跟位置没有得到很好的固定，袜子就会上下移动，穿着体验欠佳。

保证袜子合脚的关键在于合适的袜型和脚跟位置的固定。

好的绅士袜符合足部运动形态，足跟部空间立体且充分，为脚跟提供全面的包裹和定位，这样不管是袜头长，还是袜口下滑，袜子的相对位置都有一个基本保证。

如图这般对折袜子，比较这一部分的大小和剪裁，就能直观判断不同袜子脚跟空间是否足够、剪裁是否立体，从而帮助我们选择合适的袜子。

而穿着的时候也就需要注意，袜跟和脚跟契合之后，即便袜头还有少许空间，也不用拉到脚趾撑满袜头，那样反而会让袜跟偏离正确的位置。

## 袜筒不掉

　　行走坐卧，体验差一些的袜子数十分钟之内就必须伸手拉一拉，挽救掉到脚踝的袜筒。而固定较好的袜子，又往往带着很紧的螺纹，甚至袜口内部用橡筋固定，让小腿被勒出道道血痕，苦不堪言。

　　好的绅士袜通过两种方式综合来解决这个问题，首先把袜口螺纹加长，把螺纹压力分散到更大范围，避免勒感；配合小腿肚不同位置的粗细设计两段松紧不同的螺纹，兼顾良好的固定效果和穿着体验。

## 良好版型

　　除了脚跟能很好地固定之外，像图示一般，一双版型良好的袜子，各部位剪裁搭配得宜，能让袜子在大多数日常姿态下贴合脚型，没有明显的堆叠拖沓，在活动中也保持顺畅自然。

# 运动袜

　　袜子用以调整鞋和脚的关系，运动鞋一般都软弹，内部空间就没有皮鞋那么"固定"，所以类似毛巾材质的蓬松棉袜一般是运动袜的首选。

　　较厚的材质可以灵活填补脚和鞋之间的空隙，保证舒适的同时，让脚和鞋的相对位置稳定，防止运动伤害，提高运动表现。

　　除此之外，基本要求和绅士袜类似，其实那些也都是好袜子的基本标准。

## 为什么运动首选是白袜子？

很多现代运动起源于 20 世纪初的大学校园，当时牛津、剑桥可以说是其主要代表。英国气候阴冷，最适合运动的夏天，温度也不过 20℃左右，穿白色或浅色系本就是呼应夏季明亮天光的着装习惯。

比如绵延一百余年的温布尔登网球公开赛，至今都保持着这一要求，如官方规则手册所述，"参赛者必须穿着合适的几乎全白色的网球服饰，此规定从球员进入球场周边开始适用。此白色不包括灰白色或奶油色。"这本来还适用于鞋带、任何因出汗而可见的内衣以及任何绷带，直到最近两年才稍稍放开。

因此整套白色搭配便成了夏季运动的基本装备，随着 19 世纪以来的文明交流影响着各地的着装习惯。

所以除了一些特定风格或组合 —— 比如美式学院风，白袜子传统上是不常见于大多数日常西装搭配之中的。

# 袜子的颜色搭配

　　袜子的颜色搭配比较简单，日常商务选择跟裤子或者鞋子接近的顺色即可。

　　深灰色是最百搭的日常商务袜选择，与黑色、棕色鞋履都可以搭配；黑鞋可以配深灰、红色系袜子；棕色鞋可以配大地色系，和灰／棕／绿等组合都会有不错效果；不想太费心思的话，准备深浅不一的灰色和棕色系袜子就能应对所有日常需求。

# 袜子的尺码

| 鞋码 | 38 ~ 39 | 40 | 41 | 42 | 43 | 44 | 45 | 46+ |
|---|---|---|---|---|---|---|---|---|
| 袜子（欧码） | 9.5 | 10 | 10.5 | 11 | 11.5 | 12 | 12.5 | 13 |
| 袜子（常见） | XS | S | | M | | L | | XL |

袜子尺码也比较简单，只是依跳码方式不同，对应关系会有所变化。

一般高质量的国外品牌传统上采用欧码和鞋码一一对应；两码一跳的，则多以 XS~XL 来标识，也有三码一跳，或者均码的，不是太推荐。

假如恰好处于两码之间的，传统上会推荐偏大的码数，脚跟定位良好的情况下，即便略长也不影响穿着。不过现在材料进步，弹性空间变大，建议拿不准的时候，通过实际试穿来选择。

HAT

# 帽子

帽子曾经是人们生活中不可欠缺的一部分，是日常着装中必需的配饰。
出门不戴帽子，会被视为没有礼貌或缺乏基本社会常识。

随着生活方式的变化、去仪式化和休闲运动的潮流，帽子变得可有可无。
可能只有一些特殊的礼仪场合或广义的纪律部队（如军警），才会保持
着它必不可少的地位。

# 帽子的类型：
# hat、cap、helmet

经典男帽种类众多，其中一些在国内几乎未曾流行过，我们对很多款式的习惯叫法也非常暧昧。

在英文里，帽子可以分为三种常见的类型：

· hat 一般指的是环绕帽冠有整圈帽檐的；

· cap 则是只有单侧有帽檐的；

· helmet 是指具有防护作用的头盔一类的帽子，比如英国警察的帽盔等。

# 常见帽款

## 大礼帽 （top hat）

国内俗称大礼帽或高顶礼帽，也可以非正式地称为烟囱帽或烟筒帽。

大礼帽是一种高而平顶的帽子，通常由黑色丝绸制成，有时也会采用鸽灰色。18世纪末开始流行起来，"二战"后随着生活方式变化逐步淡出日常生活，但仍然是最正式的帽款之一，传统上与晨礼服和晚礼服相搭配。

目前在欧洲一些婚礼、葬礼以及特定聚会、舞会和马术比赛中依然可以看到大礼帽，如皇家阿斯科特赛马会等。它也仍然是一些英国传统机构中担任重要职位的人士所必备的。

作为传统正式服装的一部分，在流行文化中，大礼帽有时与上层阶级有关，被批评家和社会评论家用作资本主义或商业世界的象征，比如游戏《大富翁》的经典形象。大礼帽还构成了美国"山姆大叔"形象的一部分，只是通常会用红白蓝条纹来装饰。

在亚洲，"从大礼帽里掏出兔子"的魔术表演可能是普通人接触大礼帽最常见的场景了。

## 洪堡帽 （homburg）

洪堡帽是一种半正式的日常帽，以帽顶中央的"沟槽"、围绕帽冠的丝质帽带、有丝质装饰的卷曲帽檐为特征。通常是黑色或灰色。

它的名字来自德国黑森州的巴特洪堡，当地流行的狩猎帽被认为是其雏形。

19世纪末，英国的威尔士王子（即后来的国王爱德华七世）经常佩戴这一款式，使其成为当时最主要的帽款之一。

与其他经典男性帽款一样，进入21世纪后，洪堡帽不再像过去那样常见。阿尔·帕西诺因在电影《教父》中戴着一顶灰色的洪堡帽而让它重新引起了时尚界的注意，因此有时这顶帽子也被称为"教父帽"。

## 费多拉 （fedora）

费多拉和洪堡帽很像，只是有柔软可变的帽檐。帽顶中央凹陷，帽冠边缘可以有丰富的造型，比如泪滴形、钻石形等多种形式。

"fedora" 这个词汇本身最早可以追溯到 1891 年，因其灵活舒适，流行度逐渐上升，最终超过了类似的洪堡帽。

费多拉可以由羊毛、羊绒、兔毛或海狸毛制成，这些毛料也可以与很多珍稀毛皮混纺。特定季节的费多拉也可以由草、棉、麻或皮革制成。费多拉帽檐可以保持面料原状，也可以用缝纫压边或使用装饰性丝带修饰。

费多拉内部可以有内衬或无内衬，并配有皮革、布料或丝带汗带。有时还会添加小羽毛作为装饰。一些特定元素组合的费多拉在某些区域会有独立称呼，在此不一一举例。

对费多拉的当代演绎包括非对称的帽檐、鲜艳的颜色、古怪的图案和华丽的装饰。然而，尽管出现了越来越多的艺术性的帽子，最常戴的费多拉仍然是中性色调、形状和设计简单的款式。

## 爵士帽 （trilby）

爵士帽是国内比较习惯的叫法，它的基本样式和费多拉类似，只是帽冠稍短，窄帽檐，前侧倾斜向下，后侧稍微翘起。

它的名称源自 1894 年一部小说的舞台改编，款式的出现则可能更早一些。

20 世纪 60 年代，由于汽车广泛进入日常生活，低矮的空间让这一款式大量流行，一度类似费多拉的款式变形。几经起落之后，20 世纪 80 年代再度翻红，常用的面料和做工也脱离了战后时代的厚重，用斜纹呢、草编、棉、羊毛或羊毛和尼龙混纺等完成了便于日常佩戴的改进。成为流行文化中很多乐手和时尚人士的选择，"爵士帽"的称呼也来源于这一时期。

## 圆顶礼帽 （bowler）

在国内几乎没有官方称呼，一般称为"圆顶礼帽"，又称
"billycock帽"、"bob帽"、"bombín"（西班牙）或"derby帽"
（美国），是一款结实耐用的硬毡帽，圆顶，有卷曲的窄
帽檐和帽带，最早是由伦敦的帽匠于1849年制造的。

　　它传统上是半正式和非正式服饰的搭配。英国许多军
警部队也佩戴圆顶礼帽，作为制服或军便服的一部分。

　　20世纪初，圆顶礼帽常与金融工作者和在金融区工
作的商人相关联，成为大英帝国鼎盛时期的一种象征，尽
管现在并不常见，但头戴圆顶礼帽，手持长柄伞，仍然是
英国人的刻板形象之一。

　　当然，国内最熟悉的圆顶礼帽佩戴者，可能就是卓
别林。

## 巴拿马草帽 （panama hat）

巴拿马草帽实际上是厄瓜多尔马纳比省的传统手工艺品，由当地盛产的托奎拉草（toquilla palm）编织而成。19 世纪中期，西班牙殖民者开始系统化种植托奎拉草，并组织草帽的生产。1855 年巴黎世博会，这种草帽由于拿破仑三世的关注而登上世界舞台。

直到 20 世纪初，美国总统老罗斯福访问巴拿马，一张穿着浅色西装，戴草帽的照片见报，巴拿马草帽由此得名，并渐渐融入大众生活。

广义上说，巴拿马草帽并无特定款型，只要是由托奎拉草编织而成的草帽，都可以叫巴拿马草帽。

2012 年，传统的巴拿马草帽编织技术被联合国列为"非物质文化遗产"。其中编织紧密、制作扎实的高等级产品甚至可以卖到上万美元一顶。

即便在流行一百多年后的现在，巴拿马草帽依然是夏季兼具优雅和实用的应季单品，和经典或休闲服饰都相得益彰。

ascot cap

flat cap

flat cap

## 前进帽（ascot cap、flat cap）

ascot cap、flat cap 在国内一般不进行细分，老派一些叫作"前进帽"。

ascot cap、flat cap 都是平顶帽，帽檐较窄，主要是区别是 ascot cap 整个帽顶没有拼接，更加硬挺有型。flat cap 有较多拼接形式，材质往往也稍柔软，便于日常存放。

这类帽款在不同地区有很多习惯称呼，也叫司机帽、工人帽等，被各个社会阶层用于日常佩戴。

## 报童帽 （news boy）

报童帽是一种类似平顶帽的休闲帽。

整体形状和帽檐与平顶帽相似，帽子的主体更圆，由8块面料制成，帽顶有一个遮挡面料拼接部的纽扣，帽顶和帽檐通常有一个纽扣连接。

这种风格在20世纪初的欧洲和北美非常流行，尤其在工人阶级中。那个时期的许多照片显示，这些帽子不仅被报童戴着，还被码头工人、高空钢铁工人、船匠、货郎、农民等各种类型的劳动者佩戴着。

英剧《浴血黑帮》中的演绎，让大众重新认识了报童帽。

如今在秋冬季日常搭配中，报童帽因其随意有型、各种材质都能轻松演绎的特性，能很容易地被休闲场景和服饰所接纳，在时尚界也依然颇受欢迎。

## 棒球帽 （baseball cap）

棒球帽是一种软帽,圆顶,前侧有硬帽檐。国内商业领域中也被称为鸭舌帽。

棒球帽是棒球运动员传统制服的一部分，帽檐向前指着，以保护眼睛不受阳光照射。

帽顶前方通常带有显眼的图案设计，在历史上通常与体育相关，即棒球队或相关公司、地区的名称。佩戴时比较贴合头部，用有弹性的松紧带、塑料插孔、魔术贴等在后侧调节尺寸。

虽然 1860 年已经有雏形，但真正流行起来，成为可以日常佩戴的帽子还要等到 20 世纪 80 年代。可以遮挡阳光的实用性、对各种头型的友好及室内外都可以佩戴促成其流行并成为很多休闲运动着装重要的配饰。

在一些国家也作为警方日常执勤时的制服帽。

## 贝雷帽（beret）

贝雷帽是一种软、圆、扁顶的帽子，贝雷帽一般没有里衬，但有些也部分地使用丝缎衬里。通常用羊毛、棉、羊毛毡或人造纤维制成帽子主体。

军用贝雷帽常配有头带或吸汗带，有时带有拉绳，使佩戴者可以调整帽子松紧。军用版通常会装饰有帽徽，有些款式在帽徽位置上有背衬或其他硬质背板。

民用版也会有大约一英寸长的吸汗带，佩戴时一般向内折叠。

贝雷帽贴紧头部佩戴，以多种方式"塑形"——帽顶可以偏在面部的左、右、后侧，或者跟很多军团一样正戴或有特定的佩戴方式。

贝雷帽的大规模生产始于19世纪的西班牙和法国，19世纪末开始逐步用于军事，20世纪20年代以来，贝雷帽是知识分子、电影导演、艺术家、嬉皮士、诗人、流浪者和垮掉的一代刻板印象的一部分。

阿根廷革命家切·格瓦拉的著名肖像也展示了贝雷帽不息的文化力量。

# 鸣谢
## EXPRESS GRATITUDE

在写这本书之前，我已分别撰写了与经典男装有关的上千篇各类文章，分享了许多知识和观点。也曾思考过将之书籍化的可能性。

纵观最近 30 年出版的相关读物，有专业学术的精彩作品，也有通俗现代的实用书籍，遗憾的是，由于制作能力和种种实际情况的限制，要拍摄和准备大量穷举款式或表现细节的图片是很大的一道难关，成为不少优秀作品的遗珠之憾，也让很多刚入门的读者缺少了很多感性、直观的认识。

西装是一种生活方式，几乎不是靠某个具体的人或组织、品牌的支持就可以轻易完成。幸而随着最近十年经典着装的发展，品牌的丰富和水准提升，尤其是中国本土相关产业的全面发展，使得我有能力和机遇完成这样一本图文并茂的入门图书。

感谢以下品牌与朋友提供大量优质图片与相关支持：

FICUS 榕仕，来自上海。源于对经典着装风格的热爱，致力于描绘融合东方哲学的独特美学，创作出风格永恒的作品。工坊 Atelier021 沿袭世代传承的红帮裁缝手工技艺，历经时光淬炼，以一针一线诠释精妙细节与平衡之美。

---

FABRIC SHOP，创立于 2018 年的中国男士生活方式品牌。想要让每个人都能以简单、合理的方式，获得有质感的裁剪艺术品。让服装不仅仅承载大众的虚荣，也能成为生活的压舱石，帮助我们诚实地面对自己，自信地面对他人。

---

鞋履品牌 MATTINA SHOES 成立于 2019 年，是国内颇具影响力的新兴经典男士鞋履品牌。"物料精佳、设计合宜、工艺圆畅、变通适怀" —— MATTINA SHOES 一直以这样的信条，将欧洲定制鞋履的巧思与亚洲最好的固特异生产线相结合，尝试制作出取材自经典，优雅于当下的优质绅士鞋履。

---

除此之外，还有为本书贡献大量搭配实拍图片的经典男装摄影师耿旭童先生、男士鞋履保养专家吴子敬先生，以及在成书过程中一直支持协助我的责任编辑与朋友们，没有你们的倾力支持，读者可能没有机会看到这本书是如今这般呈现。

经典男装世界因你们的贡献变得更加多彩和富有风格。感谢你们！

"

孙晓捷，笔名"七哥"，自 2016 年
起，在微信公众号"西装客"等社
交平台上，以其深入的研究和体验，
撰写了数千篇关于经典男装的原创
文章，在中文互联网上引发了关于
男士经典着装的热烈讨论，也收到
了专业人士和时尚爱好者的好评。